人類の進化

拡散と絶滅の歴史を探る

Bernard Wood 著
馬場 悠男 訳

SCIENCE PALETTE

丸善出版

Human Evolution

A Very Short Introduction

by

Bernard Wood

"Human Evolution: A Very Short Introduction" was originally published in English in 2005. This translation is published by arrangement with Oxford University Press.

Printed in Japan

訳者まえがき

本書は、人類化石研究の第一人者であるバーナード・ウッドが、極めて正直に人類進化について解説した本である。分量は多くないが、密度の濃い骨太の内容が詰まっている。それは、私たちの祖先が数百万年にわたって地球規模で演じてきたドラマでもある。

研究者が一般解説書を執筆する際には、二つの方向性がある。それは、研究の仕方、学術に対する考え方、性格を反映する。

一つは、分かっているふりをして、あるいは、よく分からないところは隠して、全体として知識の体系をきれいに説明することだ。これは、学校の教科書のようなもので、理解しやすいが、味気なく、創造的とは言いがたい。

もう一つは、証拠があって分かっているところと、分からないところを区別して説明することだ。そうすると、少し理解しにくいこともあるが、どのように研究が行われるのか、これからチャレンジするべきことは何かが明らかになり、好奇心をそそられる。もちろん、本書はその好例である。

著者ウッドは、もともとはイギリス人だが、今は、アメリカのジョージ・ワシントン大学の教授である。大柄でがっしりした体格に長い顎が特徴的で、頭脳は鋭いが性格は気さくだ。ロンドン大学で医学教育を受けているうちに、ケニアのトゥルカナ湖北部の人類化石調査に参加したことがきっかけで、古人類学を専門とするようになり、アフリカで出土した人類化石の詳細な形態研究に没頭した。そして、少なくとも20年前には、世界中の人類学研究者にその名を知られるようになった。とくに、猿人や原人の系統分類に関する判断には定評がある。

ウッドの研究態度は慎重かつ謙虚であり、本書の中でも、しばしば保存状態の良くない化石の形態を分析し、その意義を見極めることの難しさを告白している。最近、私も、ケニアの国立博物館で、ジャワ原人化石との比較のために、同じ化石標本を研究する機会があったが、彼がいかに苦心して不完全な化石の形態を把握し、計測点を定めて計測を行ったかを実感することができた。

本書で説明されている人類進化のストーリーは、化石の形態研究を基本としているが、周辺学問の成果を取り入れることによって、人類がさまざまな環境に適応して、いかに暮らしていたかを明らかにしている。南アフリカの洞窟で猿人の化石が発見される理由は何か、歯と顎の巨大な猿人が乾燥した草原で何を食べていたのかなど、興味深いエピソードが多い。

また、イギリス人でありながら、ヨーロッパ中心主義が犯した誤謬や偏見も素直に批判している。人類進化の舞台は、オープニングも最後の大団円もヨーロッパではなくアフリカだという。

本書の原本の出版は2005年だが、当時の最新の知識や判断が適切に盛り込まれているので、今でも内容を修正する必要はない。ただし、その後に、いくつかの貴重な発見があるので、おもなものを「追加解説：まさかの最新研究成果」にまとめた。なお、図3、13、19は新たに作成した。

一人でも多くの読者が本書によって人類進化の理解を深めてくれるなら、訳者としても幸いである。

2014年1月

馬場　悠男

謝辞

私は、これまで、難解な専門用語を使ってさまざまな議論をする学術論文や500ページもの報告書を作成することに慣れていたので、人類進化の物語を短縮して「Very Short Introdutions（VSI）」シリーズの本にするのは、かなり困難だった。それができたのは、『人類学』（Allyn & Bacon, 2006）で私の共著者だったバーバラ・ミラーのおかげである。文章の明解さやVSIシリーズの本にするためのアイデアは二人の協力でなされた。マーク・ワイスとマシュー・グッドラムからは、それぞれ遺伝学と人類起源研究史について貴重な助言をいただいた。モニカ・オーリンガーには文体についての助言を受けた。同僚のロビン・バーンスタイン、オックスフォード大学出版編集者のマーシャ・フィリオン、そして何人かの査読者は原稿全体を読んで貴重な改良案を示してくれた。ジョージ・ワシントン大学人類古生物課程の助手のフィリップ・ウィリアムズと大学院生たちは、意図的にあるいは偶然に、私の「行方不明」ファイルを見つけて情報収集を助けてくれた。Allyn & Bacon 出版およびそのほかの出版社は以前の出版物の絵や図を使用することを許可してくれた。この本を、私の家族に、そして今まで私が教えを受けたすべての先生に捧げたい。

目次

第1章
はじめに

　最近150年間に生物学者によってもたらされた多くの重要な進歩は、次のような一つの比喩に集約される。現在および過去のすべての生命体、すなわち、動物、植物、菌類、細菌、ウイルス、その他あらゆる生物は、「生命の樹」、つまり系統樹の枝のどこかに位置している。われわれは、系統樹の枝によって、現在あるいは過去に生きていたすべての生命体とつながっている。われわれにつながる枝の根元に位置する生物は、絶滅したわれわれの祖先である。われわれのすぐそばの枝に位置する生物は、われわれと近縁だが、祖先ではない。

　もし本書が長編版『人類の進化』なら、系統樹の根元に位置する最も単純な約30億年前の生命体から始めるべきだろう。だがここでは、途中を省き、一気に太い幹を駆け登ることにする。すると、すべての脊椎動物を含む枝にたどり着く。およそ4億年前には四肢を持つ脊椎動物の枝に至り、2・5億年前には哺乳類の小枝に、そして、霊長類を含む細い枝に行き着く（図1）。霊長類の枝の付け根は、現在から数千万年も隔たっている。

人類進化の旅は、系統樹をたどって、サルと類人猿、類人猿、そして大型類人猿の枝へと続く。１５００〜１２００万年前、現生人類（ヒト）と現生アフリカ類人猿を含む枝に至る。１１００〜９００万年前には、ゴリラの枝と、チンパンジーとヒトの共通祖先を含む枝に分かれる。８００〜５００万年前に、この細い枝は2本に分かれ、系統樹の頂上で、一方は現生のチンパンジーに、他方は現生のヒトになる。古人類学[1]は、とりわけヒトに至る細い枝の進化史を復元しようとする学問である。

本書では、人類進化の長い旅の最後の部分、つまりヒトとチンパンジーの最後の共通祖先から現在のヒトに至る道筋に焦点を当てる。それらをよく理解するために、いくつかの専門用語を使うことにする。「分類群（taxon）」は、種や属など分類の単位となる概念で、分類階級の上位から下位まですべての分類単位に対して使われる。「単系統群（クレード（clade））」は系統樹の「枝」のことである。ヒトに至る主枝あるいは側枝に位置する種や属をまとめて「ヒト族[2]」（ホミニン（hominin）：化石人類と現生人類を含む広義の人類。ちなみにこれは単系統群である）とよび、それに対応するチンパンジーに至る枝に位置する種をまとめてチンパンジー族（パニン（panin））とよぶ。

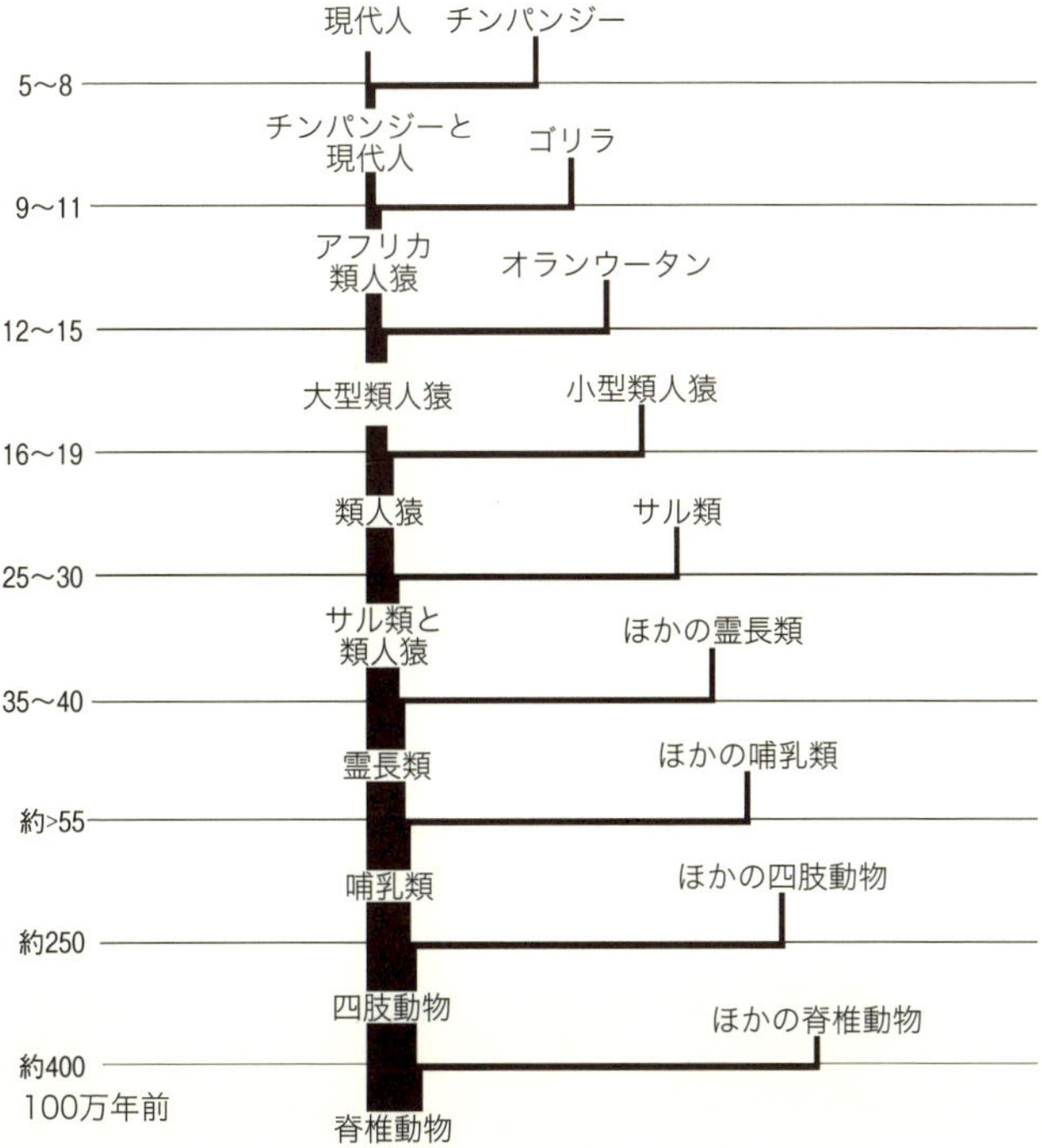

図1　生命の樹の脊椎動物部分．現代人につながる部分を強調してある．

本書には三つの目的がある。第一は、人類進化史に関する理解を進めるために、古人類学者たちがどのように仕事をしているかを説明すること。第二は、人類進化史について古人類学者が得た知識を紹介すること。第三は、その知識がいかに不十分かを示すことである。

人類進化史の理解を進めるためには二つの戦略がある（図2）。一つは新しくデータを集めること。つまり、新しい化石を発見する、あるいはすでに見つかっている化石からもっと情報を引き出すことである。共焦点顕微鏡やレーザースキャンなどの最新技術を使って既存の化石の表面形状を詳しく分析するのもよいだろう。さらに、内部構造を調べたり、生物化学的な分析をしたりすることもある。これらの方法は、CTスキャンによって内耳構造を調べることから、特別の顕微鏡によって歯の微細構造を調べること、そして化石にわずかに含まれるDNAを分子生物学的に分析することまでを含んでいる。

もう一つの戦略は、既存のデータを解析する方法を改良して、人類進化史の理解を深めることである。たとえば、多変量解析や有限要素法などの数学的方法を用いる。また、研究者は、ヒト族の化石人類の中にいくつの種が含まれるのか、そして、それらがヒトあるいはチンパンジーとどのように関係しているのかという仮説を立てて検証している。

第2章では、まず、人間は自然界の一部であるということを哲学者や科学者がどのようにして認識してきたかを紹介しよう。次に、科学者は、なぜヒトはゴリラよりもチンパンジーに近

図2　古人類学の研究をどのように進展させるか.

く、なぜ８００〜５００万年前にヒトとチンパンジーの共通祖先がいたと考えるのかを説明しよう。

第３章では、８００〜５００万年間の人類進化の系統がどのようなものだったかを明らかにする化石証拠を概観しよう。系統は灌木のように枝分かれしていたのか、まっすぐな一本の幹だったのだろうか。現代人の変異に照らしてみて、その枝はどれくらい復元できるのか。また、人類化石や考古遺物を探し、見つけ、調べることにより、何が明らかになるのか。研究者はどこで新しく化石の出る遺跡を探すのか、見つけた化石の年代をどのように決めるのか。

第4章では、研究者が、ヒト族の人類の系統にはいくつの種があったのかを、どのように決定するのかを説明する。また、ヒト属（ホモ属）の人類の系統がいくつあったのか、そして互いにどのように関係するかを見ていく。

第5章では、初期猿人（「かもしれない人類」）を扱い、ヒト族の根幹になりそうな四つの分類群（属）を代表する化石について概観する（図3）。第6章では猿人とホモ・ハビリス（「ほぼ確実に人類」）を見るが、これらの化石分類群はいずれもヒト族であっても、現代人とはずいぶんかけ離れている。第7章では、原人と旧人（「古代の人類」）を扱う。まず、アフリカの原人化石を見て、次にユーラシアの原人化石を見よう。そして、新人の母胎となった旧人化石を見よう。

第8章では、新人（「われわれ自身の人類」）の起源と拡散を考察する。どこで、どの時代から、最初の解剖学的現代人、つまりホモ・サピエンスの化石証拠が見つかるのか。原人や旧人から新人への進化は、世界中のいくつかの地域で何回も起こったのだろうか。あるいは、新人は1カ所で1回だけ出現して、移住と混血によって世界中に拡がり、各地に住んでいた原人や旧人たちに取って代わったのだろうか。

なお、このA Very Short Introduction『人類の進化』では身体的側面についてしか扱っていないので、文化的側面についてはA Very Short Introduction『先史学（Prehistory）』を参照

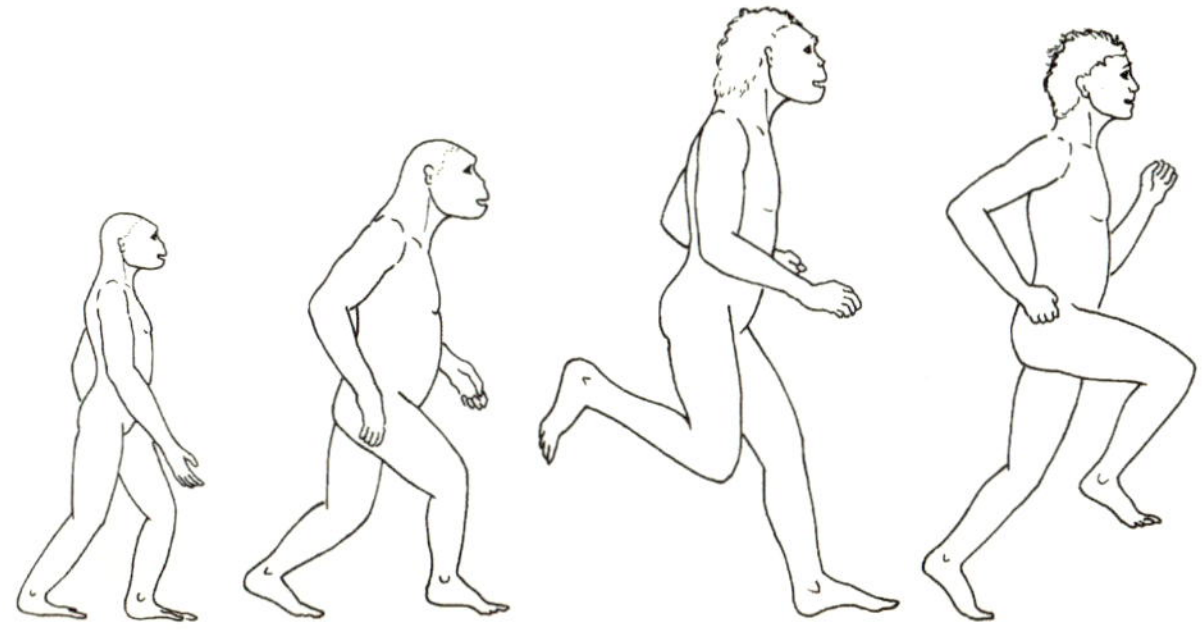

図3　祖先たちの復元イラストと人類進化のイメージ.

初期猿人（「かもしれない人類」）のアルディピテクス・ラミダスは，手足に把握機能があり，森で樹の上に住んでいたが，腰を伸ばして直立することができ，ときどき地上を歩いた．歯と顎は小さく，主に果物を食べていた．脳容積は現代人の４分の１ほど．

猿人（「ほぼ確実に人類」）のアウストラロピテクス・アファレンシスは，完全に直立し，足にはアーチ構造があったが，大股で歩く能力や走る能力は原人以降の人類に比べるとやや劣った．森と草原を行き来し，発達した臼歯で，草原の硬い食物も食べていた．脳容積は現代人の４分の１〜３分の１．

原人（「古代の人類」）のホモ・エレクトスは，森から離れて平原に住んでいた．脚が長くなり，現代人と同様あるいはそれ以上に走るのが速かっただろう．道具の使用により，歯と顎が小さくなっていった．脳容積は現代人の３分の２ほど．なお，旧人（「古代の人類」）は原人に比べると身体は同じようだが，歯はやや小さく，脳容積は現代人に近い大きさだった．

新人（「われわれ自身の人類」）のホモ・サピエンスは，われわれ自身であり，身体は華奢だが，戦略的・創造的な精神能力を持っている．歯と顎は小さくなり，顎の先（オトガイ）が出っ張っている．

されたい。

（訳注1）「古人類学（paleoanthropology）」は、本来は古い人類に関するすべての研究（学問）を含むが、実際は化石の研究が主である。古い人類を研究する場合に、古人類学と協力的なあるいは補完的な関係にあるのは遺伝学、考古学、年代学である。

（訳注2）「ヒト族」という用語は分類的な概念であって、過去あるいは現在に存在している人類の実態としてのイメージにそぐわないので、日本語訳の本書では、とくに系統関係を問題とする場合には「ヒト族」あるいは「ヒト族人類」とよび、そうでない場合には単に「人類」という一般的なよび方をする。なお、「人類」という日本語は、通常は現在の世界中の人々（ホモ・サピエンス）を含む（いわゆる類的）概念であるが、本書のような人類進化の説明の中では、ヒト族に含まれるすべての（人類）種を指している。本書の英文題名も *Human Evolution* であり、**human** は厳密にはホモ・サピエンスのこと、あるいは広義に解釈すればヒト属（ホモ属）のことだが、ヒト族に属する人類全体のことも指している。「ホミニン」は、最近では日本語の本でも使われることもあるが、一般読者にとってなじみが少なく、また理解しにくいので、本書では使わない。ホモ・サピエンスの日本語学名は「ヒト」なので、その上位の分類群である「ヒト属」、「ヒト族」、「ヒト科」なども「ヒト」という日本語が使われるべきであり、実際に使われているが、「ヒト属」と同じ意味で「ホモ属」という日本語がよく使われている。これは、「ヒト属」に含まれる人類種のラテン語による学名をカタカナ表記した場合に、ホモ・サピエンスやホモ・エレクトスなどのように「ホモ」がつくので、それ以前の「ホモ」という属名がつかない人類種と区別しやすいために使われている。日本語訳の本書でも、本文中ではヒト族と区別が容易であるという効果を狙って、「ホモ属」、あるいは「ホモ属（ヒト属）」という使い方をすることがある。なお、ヒトという意味の *homo* はラテン語であって、同質あるいは均質という意味の *homo* はギリシャ語であ

る。ホモ族というのは、まったく違う特殊な意味と誤解されるので、本書では使わない。

第2章
われわれは何者か

人間はさまざまな点でほかの動物と似ているという証拠を研究者がたくさん集める前から、また、生物たちの関連性に潜む原則や意味を理解する基礎をチャールズ・ダーウィンとグレゴール・メンデルが築くよりはるか前から、ギリシャの哲学者は人間が自然界の一部であり、自然から離れては存在できないことを認識していた。人類の起源を理性的に認識することは、いつはじまり、どのように発展したのだろうか。科学的な方法が人類進化の研究に適用されたのはいつだろうか。

紀元前4～5世紀のプラトンとアリストテレスは、人間の起源に関する認識を記録している。彼らのようなギリシャ哲学者は、人間を含めた世界全体が単一のシステムを形成していると言っている。つまり、現在の人間はほかの動物と同様に自然発生したことになる。ローマの哲学者ルクレチウスは1世紀に、初期の人間は現代ローマ人とは違っていたと書いていた。彼は、人間の祖先は動物のような洞窟居住者であって、道具も言語も持たなかったと考えた。ギリシャとローマの哲学者は、道具をつくること、火を熾《おこ》すこと、そして言語を話すことを人間であるための最重要の要素と見なしていた。このように、西洋世界では、現代人は大昔の原始的な種族から進化したという考えが成立していた。

理性は教義に取って代わられた

5世紀にローマ帝国が滅亡すると、世界と人間の創造に関するギリシャ・ローマ的な認識は創世記の物語に取って代わられた。理性に基づく説明から教義に基づく説明に代わったのである。

この物語の主要部分はよく知られている。神がアダムという男をつくり、それからイヴという女をつくった。彼らは神自らの手でつくられたので、アダムとイヴは最初から言葉をしゃべり、合理的かつ文化的な心を持っていた。このような人間の由来の物語によると、最初の人間たちははじめから平和に暮らすことができ、人間がほかの動物たちとは違って高い位置を占めるための理性的かつ道徳的な能力を備えていたことになる。

現在の人種による違いは、聖書による最後の大洪水の後に、ノアの子孫が世界各地に移住していった結果と説明されている。創造説による洪水のくり返しという考え方は、古生物学の発展に大きな影響を与えた。洪水の後で創造された動物たちは、次の洪水で絶滅させられたので、ある洪水の前に存在していた動物たちは、その洪水の後に存在した動物たちとは共存するはずがなかった。洪水説の別の影響は、後で再び検討する。

聖書は、人間の言語の多様性についても説明している。神は、バベルの塔を建設している人間たちを混乱させようと、互いに理解できない言語をつくったというのである。創世記による人間の起源では、エデンの園において悪魔がアダムとイヴをくり返し誘惑したことによって、彼らと彼らの子孫が農業と牧畜の仕方を新たに学ばざるを得ないようになった。また、彼らは文明生活のために必要なすべての道具を発明しなければならなくなった。

ほとんど例外なく、暗黒時代（5～12世紀）およびその直後の西洋哲学者は、聖書の説明を支持していた。この状況は、後に科学とよばれる自然哲学が再発見され急速に発展するとともに変化した。しかし、逆説的なことに、19～20世紀に人間の由来が科学的に研究されるようになって間もなく、一部の宗派が聖書を文字どおりに解釈しない科学者に対して過剰反応し、聖書を極端に文字どおりに解釈しはじめた。この反応が「創造説（creationism）」であり、さらに誤って「創造科学（creation science）」とよばれる疑似科学にまで発展した。

暗黒時代にも、きわめてわずかなギリシャ古典がヨーロッパに残っていた。それらは、イスラム教徒の学者が読んで価値を見出し、いくつかはアラビア語に翻訳されていた。12世紀に、イスラム教徒がスペインから追い払われると、中世のキリスト教徒の学者がこれらの古典に興味を持ってラテン語に翻訳した。これらの翻訳本の中には、人間の由来を含む自然界を扱ったものがあった。13世紀には、イタリアのキリスト教徒の学者トーマス・アクウィナスが、自然界と人間に関するギリシャ哲学的認識と聖書に基づくキリスト教的解釈とを統合させた。彼の活動は時宜を得ていたせいもあって、科学と合理主義がヨーロッパに導入されるルネッサンスの礎を築くことになった。

科学が復興した

生物学や地学などの自然科学に興味を持つ人々にとっては、聖書の教義に対する信仰から開放されることが重要だった。イギリスのフランシス・ベーコンは科学的な研究の発展に多大の影響を与えた。理論家は演繹的方法を好む。つまり、教義を設定して、それを拡大適用する。ベーコンは、科学者はそうではない帰納的方法を採るべきだと主張した。帰納法は、観察による証拠あるいはデータを集めることからはじまる。科学者は観察結果を説明するために「仮説」を提唱する。仮説は観察をくり返すことによって確かめられる。あるいは、化学や物理学では実験が行われる。人類進化の研究ではこのような帰納的方法が導入され、効果を上げている。

ベーコンは、自然界は事実に基づいて研究されるべきであるという彼の考えをまとめて、『ノヴム・オルガヌム（あるいは、自然を解釈する真実の方法）（*Novum Organum*）』という本を1620年に出版した。彼のメッセージは単純である。「本に書かれた説明を鵜呑みにするな。外に出て、観察し、自ら現象を調べ、自分で仮説を立て、確かめろ。」

まず解剖術が科学になっていった

ベーコンがこの忠告を出版するよりも1世紀近く前から、人類進化の研究に最も近い学問である解剖学が大きく変わりはじめていた。それは、ベルギーで1514年に生まれたアンドレ・ベザリウスによる改革だった。彼は1537年に医学を修め、イタリアのパドゥアで解剖学と外科学を教えはじめた。

ベザリウスの受けた解剖学教育は当時の典型的なものだった。教授は専用の椅子に座って（それゆえ、教授職のことを「チェア」という）、その地方で手に入る教科書を大声で読んだ。教授は死体から安全なだけ離れていて、技官が死体を解剖していた。間もなく、ベザリウスは、彼も学生たちも教授から説明を一方的に聞かされ、それに相当すると思われる人体の部分を技官から見せられているだけだと気がついた。ベザリウスは1540年にボローニャ大学を訪れ、はじめてヒトとサルの骨格を比較することができた。彼は、教授が使っている教科書はヒトとサルとイヌの間違いだらけの寄せ集めにすぎないことを発見し、彼自身の手による独自の正確な人体解剖学の教科書をつくった。それが、1546年に出版した全7巻の『人体構造論（*De Humani Corporis Fabrica Libri Septem*）』である。ベザリウスは自分で解剖し、スケッチして図譜の原図をつくった。人体構造論は生物学の歴史にとって偉大な功績の一つとなった。ベザリウスが解剖学をたんなる術式から合理的な学問に改変したために、研究者は人体構造に関して信頼性のある情報を得られるようになった。

地質学も発展した

人類の起源に関するもう一つの実際的な科学は地質学（現在では地球科学ともよばれる）であり、解剖学よりはゆるやかに発展した。創造説による地球創成物語は、世界と人間の歴史は長くはないことを意味していた。聖書による年代学は、6世紀の〝セビーリャのイシドール〟や7世紀の〝尊者ベード〟をはじめとして長い伝統がある。そのうちで最もよく引用されるのは、アイルランドのアーマー大司教だったジェイムズ・アッシャーが1650年に出版したものだった。彼は、創世記の中の「誕生」の数を数えて、天地創造の正確な年代を割り出し、それは紀元前4004年とした。続いて、イギリスのケンブリッジ大学の神学者ジョン・レイトフットはアッシャーの計算を改良して、天地創造は紀元前4004年10月23日午前9時とした。地質学者、とりわけジャイムズ・ハットンは、それとは異なるカレンダーを提供し、地球と生物の歴史がはるかに古いことを示した。

地質学の発展は、本質的には産業革命のおかげであるといってもよい。運河や鉄道の掘削工事は、アマチュア地質学者に、それまで隠されていた堆積構造を見る機会を与えた。ウイリアム・スミスやジェイムズ・ハットンのような先駆的地質学者の基礎研究は、やがてチャールズ・ライエルによる1830年の合理的な地球の歴史『地質学原理』として花開いた。ライエルの著書はチャールズ・ダーウィンを含む多くの研究者に影響を与え、地球景観の形成原因を聖書に基づく「洪水説」ではなく、「河川説」あるいは「斉一説」で説明することに役立った。河川説は、高い山を削り谷を穿《うが》つ河川の作用が、地形をつくる重要な要因というものである。斉一説は、過去に地形をつくった浸食や火山噴火という過程は、現在の浸食や火山噴火の過程と同じような物理的・化学的作用によって起こったと考えるものである。ライエルは、比較的単純な堆積をしている地層なら、下のほうの岩や地層は上の岩や地層より年代が古いという基本原理を支持した。地層の部分的隆起や人為的な墓穴などによって乱されていない限り、地層に含まれる化石や石器にも同じ原理が適用される。つまり、下の地層の化石は上の地層の化石より古いといえる。

新しく発展した地質学の影響は大きく、地球景観の形成を説明するために、聖書による洪水や超自然的な力を導入する必要はなくなった。さらに、当時の先駆的地質学者は、神学者が提示した6000年という天地創造以来の年代は、現在と同じようにゆっくりと地球景観が形成されたとするにはまったく不十分なことを示した。

化石

ギリシャやローマの哲学者は、化石の存在は知っていたが、それらは神話や伝説に登場する怪物の遺骸だと解釈していた。18世紀の地質学者は、地層の中に含まれる生物のような構造物は絶滅した生物の遺骸であり、そのために超自然の力を想定する必要はないことを受け入れはじめていた。見たことのない絶滅した生物の化石と現在の生物によく似た化石が同じ地層から出土するということは、古代の生物と現代の生物（洪水の前と後の生物）が混じることはないはずの洪水説の反証として有効である。

先駆的地質学者が地球の歴史について得た重要な結論とは別に、17～18世紀の科学者が、人間の起源に関して、神学的な解釈に代わる解釈を生み出すことに影響を与えた事実があった。粗末な小屋に住み、単純な道具を使い、狩猟や採集で生きる未開民族の目撃記録が、探検家によって世界の隅々からもたらされたのだ。ヨーロッパ人は、未開民族の生活がヨーロッパ人の生活とはあまりにも違っていたので、未開民族は人間性の未発達な原始的な状態にとどまっていると認識した。創造説によれば、神によって創造されたまっとうな人間がそのような状態で暮らすことはあり得なかったのだ。

生物のカタログ

原始的な未開民族の暮らし方の物語をヨーロッパに伝えた探検家や貿易商たちは、同時に、多くの珍しい動植物の記録と保存処理された標本を持ち帰った。これらの新奇な発見がヨーロッパの見慣れた動植物に加えられると、動植物のこれまでの序列が混乱してしまった。生物界を記載し組織する体系が何としても必要になった。いくつかの計画が提出され、ジョン・レイは「種」の概念を導入した。そして、後にラテン語のカルロス・リンネウスとしてのほうが有名になった、スウェーデンのカール・フォン・リンネが種の概念を改良した。

分類とは、さまざまなものを含む広い範疇の中で似たものを集めようとすることである。たとえば、自動車の分類を考えてみよう。それは、すべてを含む最大の群れから最小の群れまで、七つの段階に区分される。すなわち、乗り物、自動車、乗用車、高級乗用車、ロールス・ロイス、シルバー・シャドー、1970年型シルバー・シャドーIIとなる。リンネの分類体系も七つの段階に整理される。乗り物に相当するのは最も大きな「界」であり、以下「門」、

「綱」、「目」、「科」、「属」、そして最も小さな「種」となる。その後、「科」と「属」の間に「族」という段階が加えられた。また、それぞれの段階の上に（たとえば上科のように）「上」をつけた段階や、下に（たとえば亜目や下目のように）「亜」や「下」をつけた段階が加えられた。その結果、「目」の下でも12の段階が設定された。

リンネの体系におけるそれぞれの段階のグループは分類群（taxon）とよばれる。ホモ・サピエンス種も霊長目も分類群である。この体系は、生物に適用された場合にリンネ式分類法、あるいはたんに分類法とよばれる。そして、それぞれの種を表すために、属と種の段階の名前をラテン語で併記する二名法という表記方法を採っている。たとえば、現代人はホモ・サピエンス（*Homo sapiens*）とよばれ、属名がホモ（*Homo*：ヒトという意味）、種名がサピエンス（*sapiens*：賢い）である。チンパンジーはパン・トゥログロディテス（*Pan troglodytes*）とよばれ、属名がパン（*Pan*：チンパンジー）、種名がトゥログロディテス（*troglodytes*：洞窟に入る、住む。実際は洞窟には住まない）である。

なお、ラテン語[3]で表記する場合は、分類名称であることをわかりやすくするために、通常はイタリックの文字を用いる。また、属名は短縮してもよいが、種名は短縮してはいけない。たとえば、*H. sapiens* と書いてもよいが、*Homo s.* と書いてはいけない。それは、たとえば *Homo sapiens* と *Homo soloensis* のように、一つの属の中に同じ頭文字を持つ種がいくつも存在することがあるからだ。

関係の証拠

樹はたとえとしてよく使われる。キリスト教では、「大いなる生命（存在）の連鎖」が樹にたとえられる。現代人が頂上にいて、ほかの動物は複雑さの程度に応じて樹の中に配置される。しかし、現代科学においては、「生命の樹」はたとえではなく、文字どおりの意味を持つ。現代の科学的な生命の樹（系統樹）においては、それぞれの生物群に与えられた枝の大きさはそれらの分類群の数を反映し、枝分かれのしかたは動物や植物がどのように関連しているかを表している。

19世紀に最初の科学的な生命の樹が組み立てられたときには、二つの動物の近縁性は肉眼あるいは光学顕微鏡に基づく形態学的な証拠によって見積もられた。すなわち、共有する特徴（形質）が多いほど、生命の樹における枝の位置が近いとされた。20世紀前半に生化学が発展すると、形態学的な証拠だけでなく分子の性質に関する証拠が使えるようになった。近縁性を測るために生化学的情報を使う最初の試みでは、赤血球の表面と血清に含まれる蛋白質分子が使われた。その結果、ヒトとチンパンジーとの近縁性が確実になった。

蛋白質は、糖質や脂質のような別の分子をつくり、さらに、筋肉・神経・骨・歯など身体を構成する組織をつくり出す根源となっている。1953年、ジェイムズ・ワトソンとフランシス・クリックは、ロザリンド・フランクリンの協力によって、われわれの身体を構成する蛋白質の性質はDNA（デオキシリボ核酸）という微細な分子によって決定されることを発見した。それ以来、DNAは、暗号化された指示である遺伝子を親から子へと伝えるということがわかった。簡単にいうなら、DNAこそが子供が親にどう似るかを決めているのである。これらの分子生物学の発達は、種の近縁性を見極めるために、伝統的な形態の違いや蛋白質分子の違いを比較するのではなく、蛋白質の構造を規定するDNA自体を比較することを可能にした。

生命の樹の生物を比較するにあたって、最初は解剖学、次に蛋白質の特徴、最後にDNAが適用されると、解剖学的に似ている動物同士は蛋白質も似ていて、DNAも似ていることが明らかになった。また、昆虫の羽と霊長類の腕のようにまったく違った構造でも、発生過程においては基本的に同様な遺伝子の指示が使われていることがわかった。これは、すべての生物が単一の生命の樹の中で互いに関連していることを示す説得力の高い証拠である。そして、この関連性の存在が説明でき、なおかつ科学的な吟味に耐えられる唯一の方法（機序）が、自然選択による進化である。

進化——生命の樹を説明する

進化(4)はゆっくりした変化である。動物の場合は、たいてい簡単な動物から複雑な動物への変化を意味する。今日では、これらの変化の大部分は、古い種がすばやく新しい別の種へ変化する「種分化」として認識されている。ギリシャの哲学者は、動物や人間の行動は変わり得るとしたが、自然発生説を信じていたので構造は変わらないと考えていた。実際、プラトンの「生物は不易不変のものだ」という考えは、19世紀半ばまで哲学者や科学者に影響を与えた。

フランスの科学者ジャン・バプティス・ラマルクは、1809年発行の『動物哲学』の中で、生命の樹の科学的説明をはじめて行った。彼の考えは、英語圏の国々では、ロバート・チェンバースによる1844年発行の『創造の自然史の痕跡』によって普及した。その影響を受けたのが、進化は自然選択によって起こることを独自に突き止めた二人の生物学者、チャールズ・ダーウィンとアルフレッド・ラッセル・ウォレスである。

ダーウィンの科学に対する貢献は進化の概念を提示したことではなく、むしろ、進化が実際にどのように起こるかを筋が通るように説明した理論を提唱したことである。今日よくわかっているように、ダーウィンの自然選択理論は、生命の樹に枝分かれによる多様性をもたらす根拠となっている。ロバート・マルサスの『人口論』(1798年)とチャールズ・ライエルの『地質学原理』(1830〜33年)も、ダーウィンの考えに影響を与えた。マルサスは資源が有限なことを強調した。その影響を受けて、ダーウィンは、得られる資源と必要な資源との不均衡こそ進化を起こすために必要な自然選択の動因だろうと考えた。ライエルの地球景観の進化に関する洪水説は、現存の種が新しい種を生み出すために形態がゆっくりと変わるというダーウィンの考えとよく似ている。ダーウィンは、ウイリアム・ペイリーの説にも答える必要があった。ペイリーは、動物がきわめて巧妙にそれぞれの生息域に適応しているので、それらは偶然ではあり得ないという説の擁護者だった。ペイリーは、生物はデザインされているに違いなく、もしそうならデザイナーがいたはずで、それは神にほかならないと主張した。ペイリーは、ダーウィンに、ペイリー自身の創造説に代わり得る説を打ち立てるように挑発したのだ。

ダーウィンは進化生物学に二つの独創的な貢献をした。一つは、いかなる二つの生物個体でも、完璧な複製のように同じではないという認識である。つまり、個体によって変異があるということだ。もう一つは、それに関連した貢献で、自然選択という考え方である。要約すると、自然選択は、自然の資源が有限であり、かつ、無方向性の変異が起こるなら、ある個体はほかの個体より資源を得るために有利になるということである。その結果、同一の種内で、そのような変異個体はほかの個体より子孫を多く残すことができる。生物学者は、この有利性を適合度とよぶ。ダーウィンのノートには、動植物の育種家によって利用されていた人為的選択の実例に関する証拠が数多く記録されている。ダーウィンが天才なのは、同じことが自然でも起きていると考えたことだ。

遺伝学の開花

遺伝学の原理は、グレゴール（これはアウグスティノ修道会の名前であって、本来の名前はヨハンである）・メンデルが教会の庭でエンドウマメの人工交配を行った事実に基づいて確立された。メンデルはその人工交配実験の結果を1865年にブルノの自然科学学会で発表した。しかし、彼は遺伝子（gene：最小の遺伝的単位）あるいは遺伝学（genetics）という言葉を使わなかった。遺伝子という言葉がつくられたのは、メンデルの先駆的な実験が進化学者に知られるようになってから9年後の1909年だった。幸運なことに、メンデルが人工交配して調べた植物の形質は、いずれも遺伝子と表現型が一対一の対応関係にある単一遺伝子によるものだった。

メンデルが調べたのは、黄色と緑、ツルツルとシワシワのような単純で非連続な変異だった。霊長類や人類の化石では、歯の大きさ、脚の骨の太さのような連続的変異を取り扱う必要がある。これらの計測値の分布は滑らかな曲線を描き、メンデルの結果のように二つの列だけに分離することはない。それは、歯の大きさや脚の骨の太さのような形質が、多くの遺伝子によって形成されているからだ。

われわれに最も近縁な動物

最近まで、人類の起源に関する書籍の中では、霊長類の進化の説明がかなりのページを占めていた。その原因の一部は、霊長類の進化の各段階で一つひとつの化石霊長類が現代人の直接の祖先だと考えられていたからである。しかし、いくつかの理由で、最近では、化石霊長類の多くは、現代人はおろか現生の高等霊長類の祖先でもないことがわかってきた。そこで、本書では大型類人猿の進化と類縁関係に的を絞ろう。つまり、西欧の学者たちはいつから大型類人猿を知っていたのか、また、大型類人猿同士あるいは人間との関係をどのように理解していたのかを見てみよう。とくに、現生類人猿の中で最も人間に近いのはどれかを調べよう。

探検家や貿易商によってヨーロッパにもたらされた新奇な動物の話の中でも、アフリカのチンパンジーとゴリラ、そしてアジアのオランウータンの存在が際立っていた。アリストテレスは『動物誌（*Historia animalium*）』の中でサルやヒヒと並んで類人猿を挙げているが、実際にはこの類人猿は北アフリカの尾の短いサルだった。

現代人とチンパンジーおよびゴリラの違いについて体系的な見方をした研究者の一人がトーマス・ヘンリー・ハックスリーである。1863年に出版された『自然界における人間の位置の証拠』の中心部分である「人間と下等動物の関係」の中で、彼はヒトとチンパンジーおよびゴリラとの間の違いは、チンパンジーおよびゴリラとオランウータンとの違いより小さいと結論した。ダーウィンはこの証拠を利用し、１８７1年出版の『人間の由来』で、現代人はアジアの大型類人猿よりアフリカの大型類人猿に近いので、人間の祖先はアフリカで発見される可能性が高いと述べた。この推定は、人類の祖先を発見する場所として、多くの研究者の眼をアフリカに向かわせることになった。なお、次章で説明するように、オランウータンが人間に最も近いと考えた人々は、人類の祖先を発見する場所として東南アジアに眼を向けた。

20世紀前半の生化学と免疫学の発達によって、現代人と類人猿との近縁性に関する証拠は肉眼的な形態から分子の形態に移行した。霊長類の近縁性を測るために蛋白質を使う試みが20世紀初頭に行われたが、めざましい結果が出たのは１９６０年代はじめだった。アメリカ合衆国の有名な生化学者ライナス・ポーリングは、この分野の研究を「分子人類学」と名づけた。たとえば、１９６3年に同時に発表された次の二つの論文には決定的な証拠があった。まず、やはり先駆的な分子人類学者だったエミール・ズッカーカンドルは、酵素を使って赤血球のヘモグロビン蛋白をペプチドに分解し、微弱な電流で分画すると、ペプチドの分画パターンは、ヒト、チンパンジー、ゴリラで区別しがたいと報告した。また、分子人類学を長年にわたって研究してきたモリス・グッドマンは、現代人や類人猿やサルから採取したアルブミンとよばれる血清（血液から血球を取り除いた液体）蛋白を研究するために免疫学の技術を応用し、現代人とチンパンジーのアルブミンは区別できないほど似ていると報告した。

蛋白質はアミノ酸の糸で構成されている。多くの例では、単一のアミノ酸が別のアミノ酸に置換されても蛋白質の機能は変わらない。１９６０年代から１９７０年代にかけて、カリフォルニア大学バークレー校で霊長類と人類の進化を研究していた生化学者ヴィンス・サリッチとアラン・ウィルソンは、霊長類各種の分子的な進化史を明らかにするために、このような蛋白質構造の微細な変異を利用した。そして、現代人とアフリカ類人猿は非常に近縁だと結論づけた。

ゲノムを解析する

ＤＮＡ分子の化学的な構造が発見されたことは、生物の類縁性がゲノム（ある生物個体の持つ全遺伝情報）のレベルで調べられることを意味している。つまり、類縁性を知るための情報として、伝統的な解剖学や蛋白質の形態に頼る必要がなくなった。そのようなＤＮＡの代用品ではなく、ＤＮＡ自体が調べられるのだ。ＤＮＡには、細胞核の中にある核ＤＮＡとミトコンドリアという細胞小器官の中にあるミトコンドリアＤＮＡがある。ＤＮＡシークエンシング（塩基配列解析）では、動物ごとにＤＮＡ塩基の配列が決められ、比較される。

シークエンシングは現生類人猿に適用され、年ごとに研究事例が増えている。何人もの現代人と数体のチンパンジーのゲノムが解読された。核ＤＮＡおよびミトコンドリアＤＮＡの情報は、ヒトとチンパンジーが最も近く、ゴリラは両者から少し遠いことを示している。DNAに起こる突然変異が中立であると仮定し、さらに類人猿と旧世界ザル（アジアとアフリカに住む真猿類、いわゆるサルの仲間）との分岐に関する化石証拠の年代（約3500万年前）を基準として、DNAの違いを年代に換算すると、ヒトとチンパンジーが分岐した年代は800〜500万年前と予測される。なお、もし別の換算率を使うと、1000万年以上前になる。

人類化石を解釈する重要性

骨格や歯の形態学的分析あるいは筋肉や神経などの軟部解剖学に関する最近の研究結果も、DNAの強力な証拠と同様に、チンパンジーがゴリラよりもヒトに近いことを示している。しかし、かつて化石人類集団の類縁性を判断するために用いられた伝統的な形態学的証拠のいくつかは、チンパンジーがヒトよりもゴリラに近縁なことを示している（たとえば両者は、手の指の中節骨（各指を構成する三つの骨のうち真ん中の骨）の手の甲側の面を地面につけて歩く、ナックル歩行の特徴を共有する）。

このことは、化石人類の類縁性を研究する際にきわめて重要である。チンパンジーとヒトの確かな近縁性を示す頭骨や歯のような情報とともに、ナックル歩行以外の四肢骨の形態学的証拠も考慮して、現生高等霊長類の類縁性に関するDNAの証拠を補完することができるかどう

表1　類人猿と人類に関する旧来の分類と最近の分類．最近の分類では，チンパンジーはゴリラよりヒトに近いという分子生物学および遺伝学の成果を取り入れている．©Bernard Wood

旧来の分類	最近の分類
ヒト上科（ホミノイド）	**ヒト上科（ホミノイド）**
テナガザル科（ヒロバティッド）	**テナガザル科（ヒロバティッド）**
テナガザル属	テナガザル属
オランウータン科（ポンギッド）	**ヒト科（ホミニッド）**
オランウータン属	オランウータン亜科（ポンガイン，オランウータン類）
ゴリラ属	オランウータン属
チンパンジー属	ゴリラ亜科（ゴリライン，ゴリラ類）
ヒト科（ホミニッド，人類）	ゴリラ属
アウストラロピテクス亜科（アウストラロピテサイン，アウストラロピテクス類）	ヒト亜科（ホミナイン，ヒト類）
アルディピテクス属	チンパンジー族（パニン）
アウストラロピテクス属	チンパンジー属
ケニアントロプス属	ヒト族（ホミニン，人類）
オロリン属	アウストラロピテクス亜族（アウストラロピット）
パラントロプス属	アルディピテクス属
サヘラントロプス属	アウストラロピテクス属
ヒト亜科（ホミナイン，ヒト類）	ケニアントロプス属
ヒト属（ホモ属）	オロリン属
	パラントロプス属
	サヘラントロプス属
	ヒト亜族（ホミナン）
	ヒト属（ホモ属）

か検討しなければならない。

(訳注3)日本語の場合は、学名はラテン語の発音に近い音のカタカナで書くことになっている。ただし、必ずしも統一されていないので注意を要する。たとえば、ホモ・エレクトス（本書）とホモ・エレクトゥス、ホモ・ネアンデルタレンシス（本書）とホモ・ネアンデルターレンシス、アルディピテクス・ラミダス（本書）とアルディピテクス・ラミドゥス、アウストラロピテクス・カダバとアウストラロピテクス・カダッバ（本書）などが混在して使われている。

(訳注4)Evolution の日本語は進化だが、本来は進歩するという意味はない。Evolution は、ゆっくり展開する、演ずる、変わるという意味で、キリスト教による生物の種が変わらないという概念に対して、目に見えないほどゆっくりと変わっていることを意味した概念である。なお、接頭語をつけて強調した Revolution は、急に展開する、急激に変わるという意味であることはご存じのとおりである。

第3章
化石人類の調査と背景

第1章で述べたように、「ヒト族」の人類は、解剖学的現代人（新人、ホモ・サピエンス）とすべての絶滅した人類種を含む。つまり、現代人に至る系統樹（生命の樹）の枝（単系統群）である。この章では、どのようなヒト族の人類化石があるのか、それらはどのように発見され、どのように背景が調べられたのかを考察する。

人類化石の記録

化石は、過去に生きていた生物の遺骸あるいは痕跡である。一般に、生物の身体は、ほんのわずかしか化石として残らない。それは、意識的に埋葬をはじめる前なら、人類も同じだったはずである。化石として残る個体は、もとの集団の構成メンバーから偏って選ばれている。この点は次章で詳しく述べる。化石は、多くの場合、地層や岩石の中に保存されている。研究者は化石を二つの種類に区分する。一つは痕跡化石であり、360万年前にタンザニアのラエトリでつけられた足跡（第6章で議論する）や糞化石である。もう一つは動植物の実際の遺骸で形成された本当の化石である。人類化石という言い方は、痕跡化石を含まない本当の化石を意味している。ふつう、動物化石は、骨や歯のような硬組織しか含んでいない。それは、硬組織は筋肉や皮膚や内蔵のような軟部組織より腐蝕しにくいからだ。軟部組織が残るのは、北ヨーロッパの泥炭に埋もれた遺体や氷河に閉じ込められた遺体のような、最近の特殊な事例しかない。

化石化

人類の骨格が化石記録となって保存されるのはきわめてまれである。人類の死体があれば、ライオンやヒョウのような捕食動物の祖先が、最初に食うだろう。そして、ハイエナ、リカオン、小型ネコが食い、ハゲタカなどが食って、昆虫が食い、最後にバクテリアが分解する。大型動物の死体でさえ、2、3年という短い期間で消えてなくなる。

人類の硬組織が化石になるためには、骨や歯が川や海あるいは洞窟の中で速やかに土砂に覆われる必要がある。土砂は、骨や歯がそれ以上は崩壊しないように保護し、化石化を進める。

化石化のプロセスは、堆積層に含まれる化学物質（多くは鉱物質）が骨や歯に含まれる有機物と置換することによってはじまる。やがて、堆積層の化学物質は骨や歯の硬組織の無機物とも置換していく。このような置換が何年も続き、骨は化石となる。つまり、化石は骨や歯の形をした石なのだ。化石の周りの石は、堆積物が固まったものである。歯は生きているときでも十分に硬いが、それでも化学物質による置換が起こる。

骨や歯が化石化する過程に起こる変化を、専門家は「続成作用」とよぶ。遺跡が違えば、あるいは同じ遺跡でも違った場所から出土した化石は、それぞれ異なる化石化の程度を示す。それは、化学的環境が微妙に違うからだ。化石が硬い地層に保存され、最近露出したのなら、非常に頑丈である。しかし、風雨に長くさらされると、濡れたティッシュペーパーのようにもろくなる。そのような場合には、研究者は薄めた接着剤などを浸透させて崩壊するのを食い止める。意図的な埋葬の場合は、骨の保存がよい。それが、6、7万年前以降の人類化石がよく発見されるおもな理由だろう。

人類化石の大部分は、川、湖、洞窟の床などに堆積した地層から発見される。一般に、化石を含む古い地層は下にあり、新しい地層は表面近くにある。この原則は「地層累重の法則」とよばれる。しかし、地殻の中で起こる断層に沿って地層が圧縮されたり引き延ばされたりすると、この原則が崩れることがある。洞窟内の堆積物はもっと複雑に撹乱されることがある。表層から染み込む水は古い地層の一部を溶かし流すことがあり、スイスチーズのような孔《あな》ができて、そこに新しい堆積物が貯まるのだ。つまり、洞窟内堆積物では、堆積の上下関係が逆転することがある。

地質学者は堆積物の外見、質（粒度）、化学的性質、鉱物組成などを用いて地層を分類する。たとえば、ある地層を「ピンク凝灰岩」、別の地層を「シルト状の（微細な）砂」などとよぶ。地質学者が新しく発見した地層を命名するときには、新種の生物を命名するように、岩石分類の規則と慣例に従う。

化石が埋まっていた本来の地層は、「母岩」とよばれる。人為的な墓でない限り、母岩から発見された人類化石は、母岩と同じ年代であると見なされる。地層に埋まった状態で見つかった化石は、「原位置（イン・シトゥ（*in situ*））」で見つかったと記録される。しかし、大部分の人類化石は、浸食によって母岩から離れてしまっており、その場合は「表面採集」と記録される。もし、表面採集化石に、母岩に由来する岩石や堆積物の基質が固着していれば、母岩を探すことができる。それゆえ、注意深い研究者は化石についている基質を完全に除去することはしない。

人類化石を発見する

古人類学者は、人類化石を発見するためにどこを探せばよいのか。19世紀に、チャールズ・ダーウィンは、ヒトに最も近い動物はアフリカに住むチンパンジーとゴリラであるから、これら三者共通の祖先もアフリカに住んでいた可能性が高いと予測した。そして、実際に最近75年間、とくにここ50年間では、人類の起源を探る野外調査がアフリカに集中している。しかし、研究者はアフリカ全土を調査するわけにはいかない。では、人類化石が発見される特定の場所があるのだろうか。

古人類学者は、しかるべき年代（たとえば１００万年前）の地層が自然の浸食によって現れているところを探す。浸食は、地殻の大きな塊であるプレートが押し合ったり離れたりするところで起こりやすい。その結果、地殻の境界の断層面では、地殻の片方が上昇し、他方が下降する。これが、アフリカの大地溝帯で低地や台地あるいは岩壁が形成される機構である。大地溝帯の断層面は非常に深いので、地球のマグマが隙間を破って漏れ出す。マグマは、内部の圧力が高いと火山灰となって噴出し、低いと熔岩として流れ出す。火山灰はテフラともよばれ、カリウムとアルゴンが豊富である。火山灰が固まった岩石は凝灰岩とよばれる。凝灰岩は、東アフリカの多くの人類化石遺跡の年代を決定するために役に立つ物質を含んでいる。火山灰は指紋のようにそれぞれ独自の化学組成を持つので、特定の火山灰の分布状態を、一つの遺跡の中だけでなく、何百キロメートルも離れた別の地域の遺跡にまでたどることができる。たまたま、熱い火山灰が地上ではなく水中に降り注ぐと、空気の泡を含んだ軽石になり、風呂であか擦りに使われる。

大地溝帯の両側で地層を削って谷や川が形成されると、その崖面から化石が露出することがある。このような場所は「露頭」とよばれる。実際に化石が発見された場合は出土地点とよばれる。東アフリカの大地溝帯の中や付近では、火山活動が活発で、堆積層が隆起・浸食され地層が露出するので、各年代の地層から人類化石が発見される。タンザニアの大地溝帯にあるオルドヴァイ渓谷は、まさにそのような条件の整った最も有名な遺跡である。

南アフリカでは、まったく違った地質学的条件のところで人類化石が発見される。石灰岩の地層の割れ目に沿って地下水が流れてできた洞窟（鍾乳洞）で化石が見つかるのだ（図4）。小さな割れ目が拡がり、いくつか集まって洞窟に成長し、そこに地表から流れ込んだ土砂が貯まる。洞窟の入り口には、しばしばハイエナが住みつく。そばに生えた木の上には、ヒョウが獲物を引きずり上げて隠すことがある。つまり、南アフリカの洞窟で発見される人類化石の大部分は、ヒョウやハイエナが運んできた死体か、あるいはヤマアラシのような骨を集めて囓《かじ》る習性のある動物の仕業と考えられる。

今日ではアフリカが人類化石探索のおもな調査地だが、20世紀半ばまではアジアとヨーロッ

図4　初期の人類化石が発見されている南アフリカのステルクフォンテイン洞窟で，複雑な堆積状況を説明しているC. K. ブレイン.

パがおもな調査地だった。そもそも、ヨーロッパは古くから先史学者がたくさんいて研究していたので、人類の祖先の化石を発見するために有利であり、それ以外の地域よりも発見の機会が多かった。チャールズ・ダーウィンが１８７１年にアフリカこそ人類誕生の地だと予言したのに続いて、ドイツの著名な自然学者であるエルンスト・ヘッケルは、１８７４年に、アフリカ産ではない唯一の大型類人猿であるオランウータンが生息するオランダ領東インド（ボルネオ、スマトラ、ジャワなど）こそ、人類誕生の地だろうと主張した。また、ヘッケルの影響力ある『人類創生史』が出版されるより２年前の１８７２年に、自然史学者アルフレッド・ラッセル・ウォレスは、『マレー諸島』の中でオランウータンの形態や行動に関する詳細な記載をまとめていた。

オランダの若い解剖学者、ウジェーヌ・デュボワは、オランウータンに関するヘッケルの理論とウォレスの生き生きとした描写に影響を受け、1880年代に軍医となってオランダ領東インドに赴き、人類の祖先の化石を探した。彼の最も有名な業績は、現代人には見られないような眼窩上隆起を持つ頭蓋冠《とうがいかん》（頭骨の上部、野球帽をかぶる部分）の化石を、1891年にジャワのトリニール村のソロ川河岸で発見したことである。この化石はピテカントロプス・エレクトス（いわゆるジャワ原人）と名づけられたが、今日では、北京原人やアフリカの原人とともにホモ・エレクトスとしてまとめられている。この化石はホモ・エレクトスの模式標本でもある。なお、有名な北京原人は北京郊外の周口店にある巨大な洞窟で発見された。

チームワーク

今日、チャド、エチオピア、エリトリアなどで人類化石を探している調査隊には、さまざまな専門家を含めなければならない。学際的な調査チームには、古人類学者のほかに、地質学者、年代学者、そして人類化石と一緒に見つかる動植物の化石を解釈するための古生物学者、さらに化石証拠の偏りを修正するような化石生成学の専門家、あるいは過去の生存環境を復元するために土壌の化学的性質を調べる専門家も含める必要がある。調査隊員は、人里から離れた危険な地域で、調査や発掘をする現地スタッフとともに、水、食糧、燃料などを運搬しなければならない。調査隊の隊長には、学術的な業績だけでなく、組織力が要求される。アクセスが困難な東アフリカや中央アフリカでの大規模な遺跡調査には多額の資金が必要で、その額は毎年数万ドルにも及ぶ。一方、南アフリカの洞窟遺跡の大部分は、ヨハネスブルグやプレトリアから自動車で1時間ほどの距離にあるので、アクセスが容易である。研究者たちは近くの町の大学や博物館で働きながら調査を監督できる。

化石の再発見

ときどき、博物館で劇的な化石発見がある。人類化石の出土している遺跡で発見された動物化石を見直してみるのは重要である。いくら優秀な古生物学者でも、大量の化石骨片を仕分けしていると間違いを起こすことがあるからである。昔は、重要な人類化石が発見されたときには、化石を鑑定するために専門家に送られたが、十分な注意が払われなかったために混乱したり、同定を間違えたりしたことがあった。たとえば、ル・ムスティエ遺跡で見つかった完璧なネアンデルタール人幼児骨格化石が、年齢判定のためにマルセラン・ブールに送られたところ行方不明になったが、後に（クロマニョン人化石が発見された）レゼジー遺跡の石器に混じって発見された。幸いなことに、骨には地層の基質が固着していて、かつてル・ムスティエを流れていたヴェーゼル川の地層の基質と一致した。

人類化石の年代推定

地質学者は、遺跡の地層の積み重なりから、下の方ほど年代が古いことがわかる。しかし、実際に古さをどのように測るのだろうか。また何百キロメートルも離れた遺跡から出土した化石の年代をどのように比較するのだろうか。それには、年代測定法を知らなければならない。年代測定法には、絶対年代測定法と相対年代測定法とがある。

絶対年代測定法には、人類化石が含まれる地層の岩石あるいは動物化石が使われる。研究者は、測定の証拠となる岩石や動物化石を慎重に取り扱う必要がある。絶対年代測定法は、原子核崩壊のように一定の時間が経過する自然現象に準拠するか、あるいは、地磁気の逆転のような全地球的に起こる現象を根拠とする。これが、絶対年代値が暦年代と一致する理由である。

絶対年代測定法の中で最も有名な放射線炭素法は、人類進化の最近の年代にしか適用できない（図5）。生物が死亡してから約5730年を経過すると、死亡時に含まれていた放射性炭素-14の半分が崩壊して窒素-14になる（炭素-14の半減期が5730年ということ）。そこで、放射性炭素法は、オーストラリアやヨーロッパのホモ・サピエンス化石の年代推定に有効である。しかし、4万年より古くなると、残っている放射性炭素-14の分量が少なくなるので、信

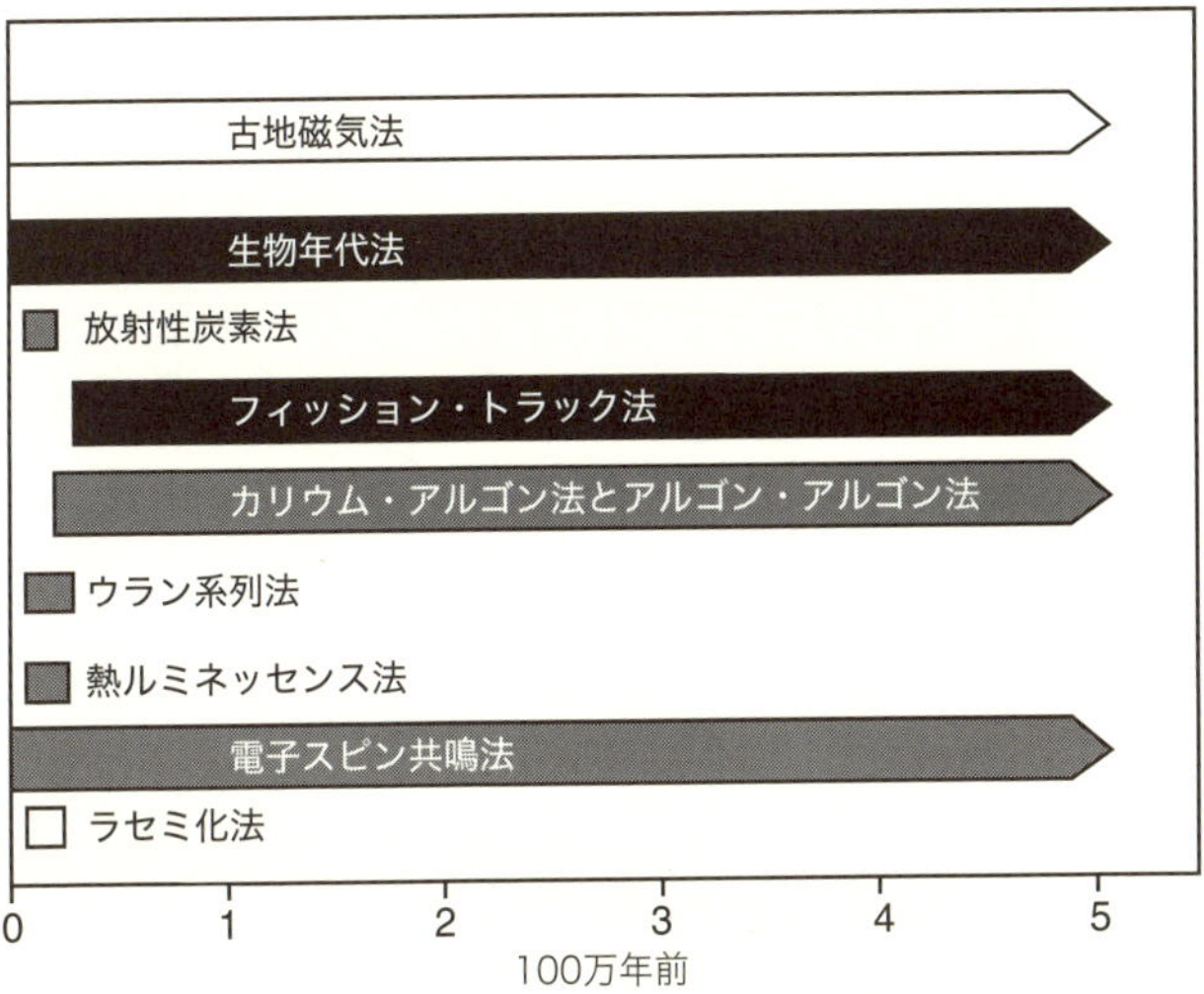

図5　各種の年代測定法とその適応可能年代.

頼性が著しく低下する。

タンザニアのオルドヴァイ、ケニアのクービ・フォラ、エチオピアのハダールのような東アフリカの遺跡では、人類化石を含む地層は、カリウムとアルゴンの同位体元素が豊富な火山灰層に挟まれている。放射性カリウム-40が崩壊してアルゴン-40に変わる速度は、炭素-14に比べてきわめてゆっくりである。そのため、カリウム・アルゴン法やアルゴン・アルゴン法は人類進化の早い時期（およそ10万年前以前）の化石や石器を含む地層に対して適用される。

古地磁気法は、地球の磁気の方向が複雑に変化した現象の記録に基づいている。地球の歴史の大部分の期間では、地磁気の向きはいまと反対だった。そこで、現在の向きを正磁極、反対の向きを逆磁極とよんでいる。地球の液状核の流れ（プリューム）の向きが変わると、地磁気の向きが変化する。静止した水中に細かい粒子が浮遊していると、粒子に含まれる磁性金属が作用し、細かい粒子一つひとつが小さな磁石のように振る舞う。それらの粒子は沈殿した際に、その当時の地磁気の方向に整列し堆積層を形成し、やがて硬い堆積岩になる。そうすると、堆積岩全体が当時の地磁気の方向（極性）を記録することになる。研究者は、人類化石が含まれている地層の上下の地層で磁極の変化パターンを調べ、深海底をボーリングして得られた堆積物の磁極変化パターンと比較して、どの時期に一致するかを検討する。ある場合には、いくつかの変化パターンに一致することもあるので、ほかの絶対年代測定法の結果とあわせて決定する。磁極の向きが長い期間にわたって変化しないと、その期間を「○○磁極期（クロン）」とよび、「磁極期」の中の短い変化期間を「○○事件（イベント）」とよぶ。オルドヴァイ遺跡は古地磁気法によって最初に年代が特定された遺跡であり、その堆積層の中のある部分の年代（約190〜170万年前）に相当する正磁極の時期は「オルドヴァイ・イベント」とよばれている。

もう一つの絶対年代測定法はアミノ酸ラセミ化法であり、生化学的な反応を時計として使う。たとえば、卵殻はロイシンというアミノ酸を含み、卵殻が形成されたときはすべてのロイシンがL型である。しかし、一定の割合でD型に変化する（ラセミ化）。つまり、L型とD型の割合、そして時間ごとに変化する率がわかれば、卵殻がいつ形成されたかが計算できる。アフリカの比較的新しい時代の多くの人類遺跡では、ダチョウの卵殻の破片がよく発見される。装飾品のビーズをつくるのである。もし、ダチョウの卵殻が形成された年代とその地層に含まれる人類化石の年代が同じだという十分な根拠があるなら、「ダチョウ卵殻法」は有効である。ダチョウ卵殻法は、電子スピン共鳴法（ＥＳＲ）、ウラン系列法（ＵＳＤ）などとともに、カリウム・アルゴン法と炭素-14法の適用範囲の狭間の年代（約30～4万年前）を測定するために有効な方法である。

相対年代測定法は、ある遺跡から発見された動物化石が、すでに絶対年代測定法によって年代が明らかな遺跡から発見された動物化石に匹敵する場合に有効となる。もしA遺跡の動物化石がB遺跡の動物化石と酷似しているなら、A遺跡の年代はB遺跡の年代とほぼ同じと推定できる。相対年代測定法は、絶対年代測定法に比べると、おおよその年代しかわからない。南アフリカの洞窟遺跡では、動物化石を利用した「生物年代学」が重要である。大部分の洞窟は、さまざまなレイヨウ（シカに似たウシ科の動物）やサルの化石を含んでいる。それらに相当する動物化石が東アフリカの遺跡からも出土するので、東アフリカの遺跡の年代を動物化石の種類が対応する南アフリカの洞窟の年代に当てはめる。生物年代法は、チャドやグルジアのドマニシ遺跡などでも使われている。

木の年輪を使う相対年代測定法である年輪年代学は、炭素‐14法の精度を上げるのに役立っている。最近の人為作用によって大気中の炭素同位体の比率が変わっているので、年代のわかっている年輪から採取した炭素によって、測定の偏りを修正している。

過去の環境を復元する

何百万年も前の地形がいまと違うように、過去の環境も現在と同じとは限らない。科学者は地質学や古生物学の証拠を使って過去の環境を復元することができる。化学分析の結果は、当時の土壌が湿っていたか乾いていたかを明らかにする。古生物学者は、人類化石と一緒に発見された動物化石の種類や構成から、生息地の様子を明らかにする。大型哺乳動物も小型哺乳動物（ネズミなど）も使って、古環境を復元するのである。小型動物の地理的分布域は大型動物に比べて限定されるので、生息地の環境を復元するために有効である。フクロウは狭い範囲で獲物を狩るので、フクロウのペレット（未消化の骨や毛皮を吐き出したもの）の化石は小型動物に関する重要な情報を与えてくれる。過去の環境を復元するために霊長類のような大型動物を利用する場合には、ある過去の動物が現在の同じ動物の生息する環境に好んで住んでいたとは限らないことに注意しなくてはならない。たとえば、現在のコロブスザルは密林に住み、木の葉を食べているが、彼らの祖先は疎開林に住んでいたので、５００万年前の遺跡から発見さ

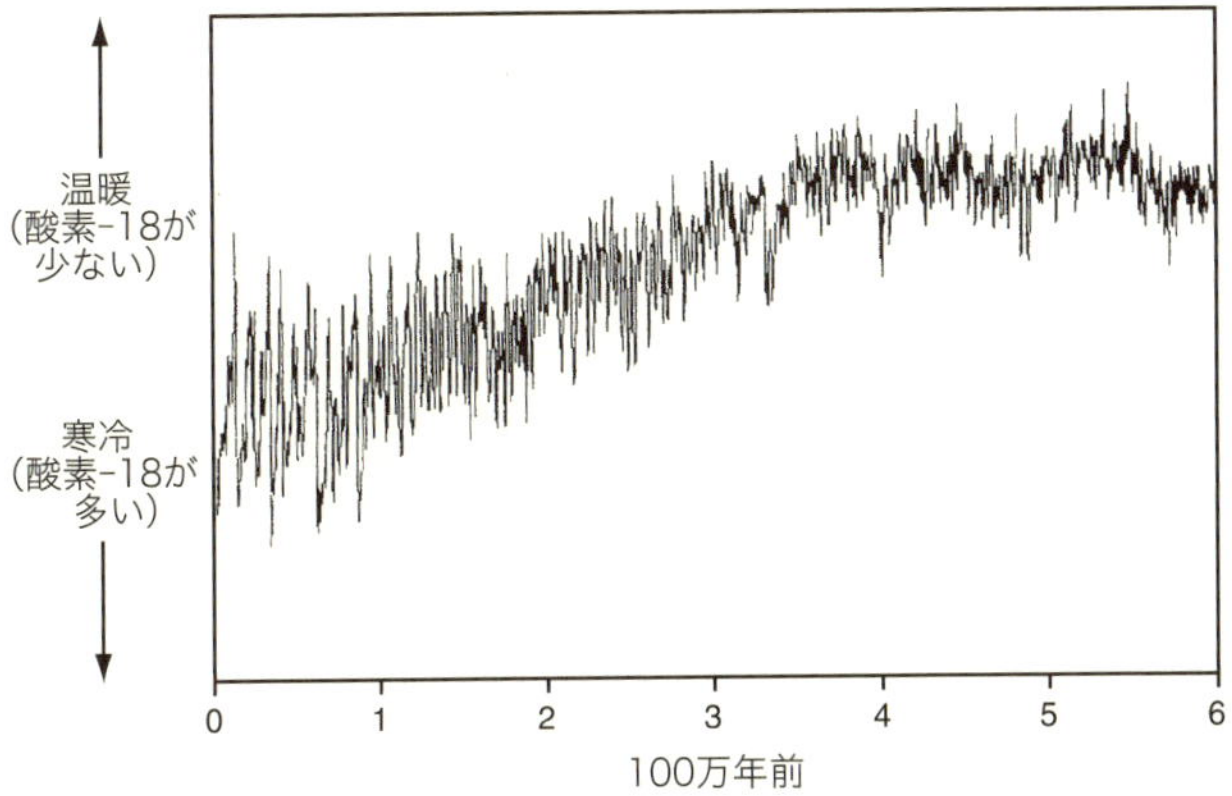

図6　過去600万年間の深海底堆積物中の酸素同位体レベルの周期的な変化．重い酸素-18と軽い酸素-16の比率が周期的に変化しつつ，全体として寒冷化の傾向を示している．とくに，300万年前から地球の気温が低くなっている．

れたコロブスザルの化石は、現在のコロブスザルとは別の意味を持っている。

地球の気候変動

人類の進化は、地球の気候が大きく変動する中で展開した。たとえば気温の変化は、深海底の堆積層を掘削したボーリング・コアを調べるとわかる（図6）。酸素元素には軽い酸素-16と重い酸素-18の同位体があるが（酸素-17もあるが、ここでは省く）、一般に水蒸気に含まれる酸素-16の割合は海水よりも高いので、もし海から蒸発した水が少ししか海に戻らないということが起こると、海水では酸素-16が少なくなり、海水中の酸素-16に対する酸素-18の比率（酸素同位体比）が高くなる。

実際に、地球の気温が低くなると、海から蒸発した水が発達した氷床に閉じ込められるので、海水の酸素同位体比が高くなる（気温が高くなると酸素同位体比が低くなる）。有孔虫という微細なプランクトンは世界中の海に漂っていて、死ぬと海底に沈殿し堆積層の一部になる。有孔虫は、生きているうちに、殻の中に、酸素-16と酸素-18を区別せずに取り込んでいる。そこで、深海底堆積層に含まれる有孔虫の殻の酸素同位体比を測定すると、地球全体の温度変化を推定できる。ただし、地域ごとの気候は、地球全体の気候と、緯度、標高、山脈の存在など複雑な条件との相互作用によって決められるので、同じ変化とは限らない。

800～500万年前、地球は長期にわたる乾燥化と寒冷化の時期を迎えはじめた。この気候変動の時期に、アフリカで初期人類の進化が展開されていった。人類進化に対する気候変動の影響に関しては第5章で述べよう。

人類進化の後半では、長期的な地球の低温化に加えて、深海底堆積層から推定した周期的気候変動が多大な影響を及ぼした。300万年前以前では、地球の気候は2・3万年ごとに寒／暖、乾／湿の周期的変化をしていた。その周期が、300万年前以降は4・1万年に、そして100万年前以降は10万年になった。この10万年周期の気候変化のために、北半球では100万年前以降に厳寒の時期（氷期）が訪れることになったのである。また、厳寒の時期には北極近くや南極で氷床が発達するために海水面が低下し、それが人類の進化に重要な影響を与えた。つまり、大陸棚の多くが陸化したので、現代人の祖先がユーラシアからオーストラリアあるいはアメリカに移住することができた。

第4章 化石人類の分析と解釈

【訳者補足】　骨格や骨の名称として混乱する、あるいは誤解される可能性のある点を、あらかじめ整理しておく。頭顔部の骨格は、解剖学用語では「頭蓋《とうがい》」といい、そのうち脳が入っている部分を構成する骨格を「脳頭蓋」、顔の部分を構成する骨格を「顔面頭蓋」という。脳頭蓋の上部を「頭蓋冠《とうがいかん》」とよぶ。また、脳頭蓋の下部で、顔面頭蓋および頸部との境界にあたる部分を「頭蓋底《とうがいてい》」とよぶ。ただし、一般的には頭蓋という用語は、頭蓋の上部のみを指すような字面上の印象があるので、本書では、頭蓋の代わりに「頭骨《とうこつ》」を用いる。「頭蓋骨」という用語もあり、一般的には「ずがいこつ」と読まれ、頭骨と同じ意味だが、解剖学用語では「とうがいこつ」と読まれ、頭蓋を構成する骨を意味する。したがって、一般用語としての「頭蓋骨《ずがいこつ》」は、本書では使わない。「体の骨」は頭骨以外のすべての骨である。「四肢骨」は腕（手も）や脚（足も）の骨だが、腕や脚を支える肩甲骨、鎖骨、寛骨も含む。なお、骨ではないが、「身体」は全身、「体」は頭顔部以外の全身を指すこととする。

古人類学者は、新しく発見された化石に内在する重要な事実を解明するためにさまざまな手段を用いる。まず、人類化石は、どの分類群に属するかが検討される。さらに、化石あるいは現生の種や属との関係が調べられ、生態が復元される。

系統と分類

西欧科学では、すべての生物は1758年にスウェーデンのカルロス・リンネウスによって提唱された体系に従って分類される。体系の基礎は「種」であり、それは恒常的に交配して子孫を生み出す形態的によく似た生物の集団である。すべての生物は特定の種に属し、似たような種は「属」としてまとめられる。属は「族」(5)に、族は「科」に、科はさらに上位の分類群にまとめられ、最後は「界」に行き着く。現代人はホモ・サピエンスという種であり、ヒト属(ホモ属)に、そしてヒト族に属する。

リンネ式分類体系においては、どのように生物の名前をつけるかが規定されている。新しい種を発見した場合は、種名あるいは属名をつけるにあたって、国際規約に則った命名法に従わなくてはならない。たとえば、新種の人類の種名・属名としてバーガーキング・アイポッドエンシスのような商品の名前をつけることは禁止されている。もちろん、すでにつけられている名前を意図的につけるのも、混乱を招くので避けなくてはならない。

研究者が新種の名前をつける場合には、その種のどれか1個体を「模式標本」として選ぶ必要がある。ふつうは、最初に発見された標本の中で比較的保存状態のよいものを選ぶ。模式標本は、必ずしも典型的な（平均的な）個体とは限らない。とはいえ模式標本は、その種の名前が変更不可能なものとしてその標本に付随しているという点から、非常に重要である。したがって、もしホモ・ネアンデルタレンシスの模式標本が、ホモ・ネアンデルタレンシスに含まれるほかのすべての化石と違っていることがわかったら、模式標本以外のすべての化石は新しい別の種に属するとして新しい種名をつけるべきである。つまり、ホモ・ネアンデルタレンシスという名前は、何があろうと模式標本とともにあって、それを離れてどこにもいくことはない。また、ある標本が別の種に属すると決定されたなら、その別の種の名前が使われることになる。何年かたって、二つの模式標本が同一の種に属することがわかったら、先に命名された種名のほうが優先される。

種は分類群の一つである。リンネ式分類体系は、種より包括的な（上位の）さまざまの階級の分類群で構成されている。ある分類群が分類体系のどの階級に位置づけられるかを研究する学問は分類学とよばれる。分類学的分析とは、人類化石がどの分類群に属するかを決めることである。まず、新しく発見された化石が既知の人類種に該当するかどうかを検討する。そして、既知のどの種にも当てはまらないと確信したら、はじめて新種を提唱し、新しい名前を考える。同じ原則がリンネ式分類体系のすべての階級に適用されている。したがって、研究者は、ほかの既知のどの属にも当てはまらないと確信した場合のみ、新しい属を提唱することができる。もっと上の階級の分類群でも同様である。

これから述べる分類学的分析やそのほかの分析は、化石の詳細な形態学的研究に基づいている。化石の形態というのは、化石の外見だけでなく内部構造も意味している。つまり、肉眼で観察できることから各種の顕微鏡を使って観察できることまでを含んでいる。研究者は化石の形態を詳しく記載して質的な情報を得るとともに、綿密な計測を行って量的な情報も採取する。計測の最も簡単な例は、特定の二つの解剖学的特徴点の間の距離を測る線計測である。最近では、レーザー光線やX線などの利用によって、化石の外表面全体や内部構造が詳しく解析されるようになった。たとえば、セントルイスにあるワシントン大学の古人類学者グレン・コンロイと医学画像解析技術者チャールズ・ヴァニールは、世界ではじめてCTスキャンを使って、南アフリカのタウングで発見された人類化石頭骨の内部構造を調べた。続いて、ユトレヒトの医学画像解析技術者フランス・ゾンネンヴェルトとロンドン大学の古人類学者フレッド・スポーアは、CTスキャンの使い方を改良し、ネアンデルタール人の内耳構造を明らかにした。その結果、ネアンデルタール人とほかの人類をうまく区別し、ネアンデルタール人の姿勢や歩き方が復元できるようになった。

研究者は、化石になる前の形や大きさを正確に反映するように、化石を計測しなければならない。骨や歯は、1日の間の温度の上下によってもひび割れる。地層の基質が割れ目に進入し、骨や歯を大きくする。乾燥した地上に置かれた骨は、化石化する前であれ後であれ、風に含まれる砂によって表面が磨耗するので、サイズが小さくなる。新しく発見された化石の計測値や非計測的形態は、これまでに発見された類似の化石種と比較される。発見された化石の変異が同一種内の変異として許される範囲かどうかを検討するためのモデルとしては、近縁な現生種（人類化石の場合は現代人とアフリカ大型類人猿）の変異が使われる。しかし、遠縁な現生種も参考になることがある。ニューヨーク大学の霊長類学者クリフ・ジョイは、ヒヒの集団間で何が起こっているかを30年間研究した結果、ヒヒと近縁のサルとの関係は人類の進化のアナロジーとして重要だと指摘している。つまり、ヒヒはチンパンジーやゴリラより広く分布するだけでなく、進化のパターンと時期においても人類とよく似ているというのだ。

化石の破片から全身を復元する

何百万年も前の人類化石がよい状態で発見されることはめったにない。頭骨はもろいので、有蹄類に踏まれると、あるいは洞窟の天井から岩が落ちてくるとつぶされる。たいていの場合には、ほんの1片の骨しか残らない。たまには、もう少しよく残っていても、破片が小さければ、頭骨全体を復元するのは困難である。まるで、空ばっかりで風景が映っていない立体ジグソーパズルを組み立てるようだ。頭骨の特徴を熟知した解剖学者が行ったとしても、復元するのには何百時間もかかる。

チューリッヒ人類学研究所のマリシア・ポンス・ドゥ・レオンとクリストフ・ゾリコファーは、新しい研究分野ヴァーチャル人類学の専門家である。彼らは、手技による従来の方法に代えて、コンピュータ上で復元を操作できるソフトウェアを開発した。化石はレーザーでスキャンされ、ヴァーチャル映像がスクリーンに映し出される。研究者は、化石の断片をスクリーンの中で自由に動かし向きを変え、お互いに破断面が一致するかどうかを調べる。このソフトウエアは、片側の破片から反対側の破片を鏡像としてつくり、足りない部分を補うことができる。彼らは、最近、この方法で、最初期の人類と見なされているサヘラントロプス・チャデンシスの頭骨を復元した。CTスキャンのデータを同様のソフトウェアで画像にすると、内耳の骨迷路や歯根の構造なども詳しく見ることができる。

性別・年齢の決定

たとえ完全あるいは完全に近い骨格が残っていても、化石人類の性別や年齢を決定するのは難しい。頭骨の小さな破片なら、なおさら困難である。成長しきった個体の死亡時の年齢を正確に決めるのは極めて難しい。成長途中の個体なら歯の形成状態で年齢がわかるが、歯が萌出し、歯根が完成すると、ほとんど役に立たない。

骨と歯のサイズ、筋肉の付着痕の広さ、骨盤のサイズと形（ただし、骨盤の化石はまれにしか発見されない）は、人類化石の性別決定に使われる。サイズを根拠とするのは、多くの現生霊長類と同様に、化石人類もオスがメスより大きいと考えられるからである。サイズの違いは、性差つまり同一種内のオスとメスの違いを示す特徴の一つである。ただし、わずかしか発見されていない化石を扱う場合は、サイズの違いは性差を決定するには信頼性が乏しい。

また、現代人の性差をそのまま化石人類に当てはめるのも問題である。現代人の骨盤の性差は、二足歩行の機能のための必要性と、女性が頭の大きな赤ん坊を産むためにスペースを確保するという必要性との妥協の産物として起こっているからだ。その性差を、頭の小さな赤ん坊を産んだであろう、そして歩き方も違っていた化石人類に当てはめるのは無理というものだ。彼らの骨盤の性差は、現代人とは違ったはずである。

種と種同定

科学的な種の定義として最も普及しているのは、ハーバード大学の進化生物学者エルンスト・マイヤーの生物学的な種の概念である。彼によると、種の定義は「交雑する自然集団のグループで、ほかのグループから生殖的に孤立している」ことである。これは、現生の動物であれば、観察によりどの個体とどの個体が番《つが》うのかわかるのでよいが、化石の場合には通用しないことは明白である。しかし、同種のオスとメスの個体は互いに番っても、ほかの種の個体とは番わないので、当然、同種の個体はほかの種の個体より互いによく似ている。したがって、番い行動の情報がなくても、外部形態、内部構造、あるいは（もしDNAが残っていれば）遺伝学的情報によって、化石の種を同定することができる。

しかし、研究者がこれらの方法を適用する際には問題がある。最初の困難さは、完全な全身の化石を手に入れることはできないことだ。動物の身体は、筋肉、神経、血管、内臓のような軟部組織と、骨や歯のような硬組織に分けられる。人類化石は、硬組織のみに限られ、しかも大部分は破片である。したがって古人類学者は、数個の壊れて磨《す》り減った歯や大腿骨の一部という証拠だけで、いかにして化石の種を同定するか、常に悩んでいる。

次の問題は年代である。個々の種には、種の創生期（種分化（speciation））、中間期、そして終末期という歴史がある。種は直接の子孫を残さず死に絶える（絶滅（extinction））こともあれば、一つあるいはいくつかの子孫の共通祖先となることもある。哺乳類の種は、ふつう100~200万年にわたって存続する。その長い期間中、その種の外見は同じとは限らない。突然変異や気候環境への適応によって変化するだろう。しかし、同種の中で交配している限り、ほかの種とは区別できる特徴を持ち続ける。ただし、現生の1種の生物のみを研究対象とする限りでは、その種が存続した長い期間の一瞬の状態しか認識できない。つまり、数百年もかかって博物館に収集された現生種の標本であっても、数十万年にもわたる遺跡から採取された化石種の変異が同一種内の変異として許されるかどうかを判断するモデルとしてはふさわしくはない。

似たような化石がいくつも発見された場合、二つの可能性がある。一つは、同じ種が長い存続期間のうちで何回も化石として発見されたということだ。もう一つは、それぞれの化石は似たような別の種に属するということだ。古人類学者はそれを判別しなくてはならない。人類化石の場合は、現代人と現生高等霊長類の骨格標本の種内における形と大きさの変異の幅が、化石標本の変異が同一種内として許されるかどうかを判断する基準となる。化石標本の研究に膨大な時間をつぎ込んできた研究者は、自らの経験に基づいて、化石種の変異幅としてどれくらいが許されるかを勝手に推測し、変異幅は単一の種に含めるには大きすぎると宣言したがる。別種だと言いたいのだ。ただし、それはあくまで推測にすぎない。

初期人類の化石コレクションに何種類の人類種が含まれているのかを決めるのはきわめて難しい。なぜなら、生物学的な変異が連続的で区別できないからだ。そのため、種と種の境界線を引くのは、科学的に妥当と見なされる判断と議論に基づいて行うことしかできない。新しい化石が発見されると、あるいは新しい分析方法が導入されると、境界を変更したり、古人類学者が分類基準の有効性を考え直したりする必要が生じる。新しい種を提唱するのは、新しい化石が既存のいかなる種に属さないという確たる証拠がある場合に限るべきである。新しい属を提唱するには、さらに確固たる証拠が必要である。

種分化

ある研究者は、新しい種の誕生は集団全体がゆっくり変化することと考える。この解釈は「系統漸進説（phyletic gradualism）」とよばれ、種分化は「アナゲネシス、前進進化（anagenesis）」によって起こると見なされる（図7）。ほかの研究者は、新しい種の誕生は地理的に隔離された一部の集団が急速に変化することと考える。この解釈は「断続平衡説（punctuated equilibrium）」とよばれ、急速な変化と変化の間の期間には、特定の方向への変化は起こらず、無方向的な散歩（ふらつき（random walk））しか起こらないと見なされる。断続平衡説における種形成は、「分岐進化（cladogenesis）」とよばれ、種形成と種形成との間

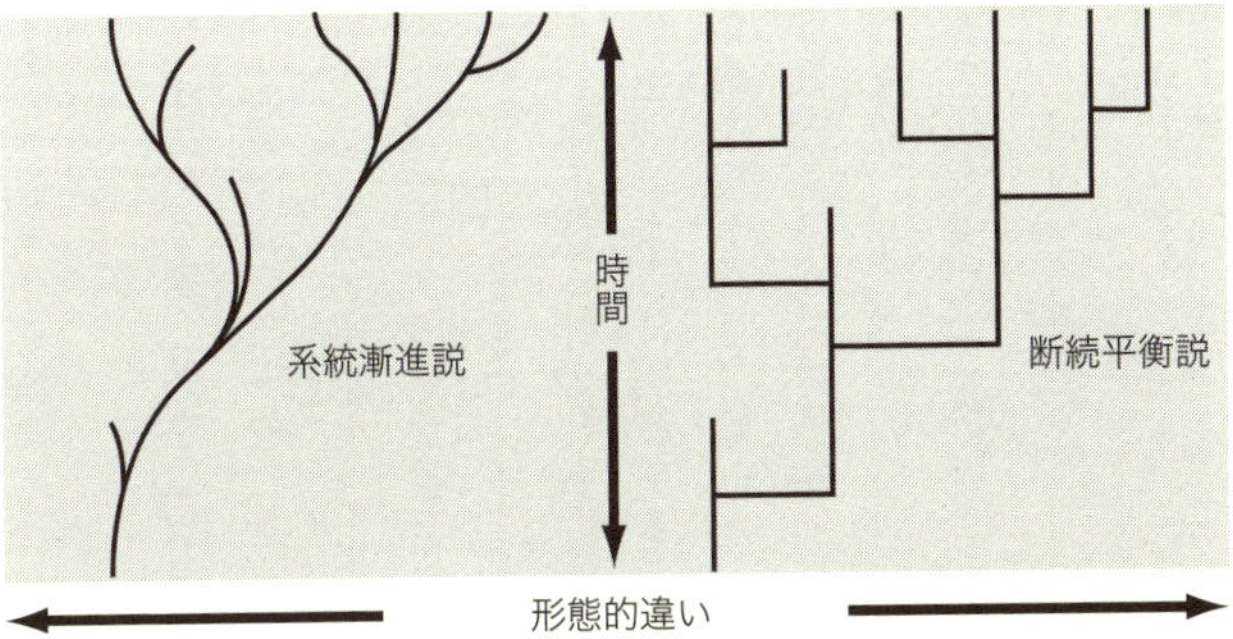

図 7　進化の過程で起こる形態的変化のタイミングに関する二つの対立仮説,「系統漸進説」と「断続平衡説」.

の形態的に安定した期間は停滞期（stasis）と考える。ほぼすべての研究者は、進化における形態変化は種分化のときに起こると認識している。

ある条件下では、染色体の再構成による遺伝子型の大変革が種分化を起こすこともある。[6]高等霊長類の種分化は、このような機序による可能性がある。

とくに種の誕生や分化が盛んな期間と状態を「適応放散（adaptive radiation）」とよぶ。適応放散は、新しい環境が開けたり、ほかの種が絶滅して適応の機会が得られたりした場合に起こることが多い。

現生人類を含めたすべての種は、究極的には絶滅する。問題は、絶滅が、内在的な特性によるのか、環境変化のような外部的要因によるのか、あるいは両者の相乗効果によるのかである。この対立する仮説は、急速に進化するショウジョウバエを使い、実験室で飼育条件を変えて確かめることができるかもしれない。あるいは、過去の気候変化と個々の化石記録を比較することによって調べられるだろう。

分けたがり屋（スプリッター）と纏めたがり屋（ランパー）

本書では、ヒト族に含まれる人類として、かなり多くの種を挙げている。しかし、すべての研究者がそれを認めているわけではない。多くの種を認める研究者を「分けたがり屋」（分割派、スプリッター（splitter））、少しの種しか認めない研究者を「纏《まと》めたがり屋」（統合派、ランパー（lumper））」とよぶ（表2）。両方の研究者とも同じ証拠を調べるが、解釈が違うのだ。ヒト族人類の化石の中にいくつの人類種があるかに関する古人類学者の意見の対立は、変異をどのように解釈するかにかかっている。化石記録における連続性を重視する研究者は、種の数を少なくする傾向があり（纏めたがる）、不連続性を重視する研究者は種の数を多くする傾向がある（分けたがる）。ただし、どう言おうとも実行しようとも、すべての分類は仮説にすぎない。すべての化石をすべての研究者が認める種に適切に分類することができない限り、ある研究者がある分類を提唱しても、別の研究者が独自に選んだ証拠に基づいた別の分類を提唱するだろう。

表2 「分けたがり屋」と「纏めたがり屋」によるヒト族人類化石の分類仮説.

通　称	分けたがり屋の種名	年代(万年前)	模式標本	おもな化石発見遺跡
初期猿人（「かもしれない人類」）	サヘラントロプス・チャデンシス	700〜600	TM 266-01-060-1	チャドのトロス・メナラ
	オロリン・トゥゲネンシス	600	BAR 1000'00	ケニアのルケイノ
	アルディピテクス・ラミダス(狭義)	570〜430	ARA-VP-6/1	エチオピアのミドル・アワッシュ，ゴナ
	アルディピテクス・カダッバ	580〜520	ALA-VP-2/10	エチオピアのミドル・アワッシュ
猿人とホモ・ハビリス（「ほぼ確実に人類」）	アウストラロピテクス・アナメンシス	420〜390	KNM-KP 29281	ケニアのアリア・ベイ，カナポイ
	アウストラロピテクス・アファレンシス（狭義）	400〜300	LH 4	タンザニアのラエトリ
				エチオピアのベローデリー，ディキカ，フェジェジ，ハダール，マカ，ホワイトサンズ
				ケニアのアリア・ベイ，タバリン，ウエスト・トルカナ
	ケニアントロプス・プラティオプス	350〜330	KNM-WT 40000	ケニアのウエスト・トルカナ
	アウストラロピテクス・バールエルガザリ	350〜300	KT 12/H1	チャドのバール・エル・ガザール
	アウストラロピテクス・アフリカヌス	300〜240	Taung 1	南アフリカのタウング，グラディスヴェール，マカパンスガット（第３，４層），ステルクフォンテイン（第４層）
	アウストラロピテクス・ガルヒ	250	BOU-VP-12/130	エチオピアのブーリ
	パラントロプス・エチオピクス	250〜230	Omo 18.18	ケニアのウエスト・トルカナ
				エチオピアのオモ・シュングラ塁層

	パラントロプス・ボイセイ（狭義）	230〜130	OH 5	タンザニアのオルドヴァイ，ペニンジ(ナトロン) エチオピアのコンソ，オモ・シュングラ塁層 ケニアのチェソワニャ，クービ・フォラ，ウエスト・トルカナ マラウィのメレマ
	パラントロプス・ロブストス	200〜150	TM 1517	南アフリカのクーパース，ドリモレン，ゴンドリン，クロムドライ（第3層），スワルトクランス（第1，2，3層）
原人と旧人（「古代の人類」）	ホモ・ハビリス（狭義）	240〜160	OH 7	タンザニアのオルドヴァイ エチオピアのオモ・シュングラ塁層 ケニアのクービ・フォラ 南アフリカのステルクフォンテイン(？)，スワルトクランス（？）
	ホモ・ルドルフェンシス	240〜160	KNM-ER 1470	ケニアのクービ・フォラ マラウィのウラハ
	ホモ・エルガスター	190〜150	KNM-ER 992	ケニアのクービ・フォラ，ウエスト・トルカナ グルジアのドマニシ（？）
	ホモ・エレクトス（狭義）	180〜20	Trinil 2	旧大陸の多くの遺跡 インドネシアのサンブンマチャン，サンギラン，トリニール

				中国の周口店 エチオピアのメルカ・クントゥール タンザニアのオルドヴァイ　など
	ホモ・フロレシエンシス	9.5〜1.8	LB1	インドネシアのフローレス島のリアン・ブア
	ホモ・アンテセッソル	70〜50	ATD6-5	スペインのアタプエルカのグラン・ドリナ
	ホモ・ハイデルベルゲンシス	60〜10	Mauer 1	アフリカとヨーロッパの多くの遺跡 ドイツのマウエル イギリスのボックスグローブ ザンビアのカブウェ　など
	ホモ・ネアンデルタレンシス	20〜3	Neanderthal 1	ヨーロッパとアジアの多くの遺跡
新人（「われわれ自身の人類」）	ホモ・サピエンス（狭義）	20〜現在	なし	旧大陸の多くの遺跡 新大陸でも少しの遺跡

通　称	纏めたがり屋の種名	年代(万年前)	分けたがり屋の分類に含まれる種名
初期猿人（「かもしれない人類」）	アルディピテクス・ラミダス（広義）	700〜450	アルディピテクス・カダッバ，アルディピテクス・ラミダス，サヘラントロプス・チャデンシス，オロリン・トゥゲネンシス
猿人とホモ・ハビリス（「ほぼ確実に人類」）	アウストラロピテクス・アファレンシス（広義）	420〜300	アウストラロピテクス・アファレンシス，アウストラロピテクス・アナメンシス，アウストラロピテクス・バールエルガザリ，ケニアントロプス・プラティオプス
	アウストラロピテクス・アフリカヌス	300〜240	アウストラロピテクス・アフリカヌス
	パラントロプス・ボイセイ（広義）	250〜130	パラントロプス・ボイセイ，パラントロプス・エチオピクス，アウストラロピテクス・ガルヒ
	パラントロプス・ロブストス	200〜150	パラントロプス・ロブストス
原人と旧人（「古代の人類」）	ホモ・ハビリス（広義）	240〜160	ホモ・ハビリス，ホモ・ルドルフェンシス
	ホモ・エレクトス（広義）	190〜1.8	ホモ・エレクトス，ホモ・エルガスター，ホモ・フロレシエンシス
新人（「われわれ自身の人類」）	ホモ・サピエンス（広義）	70〜現在	ホモ・アンテセッソル，ホモ・ハイデルベルゲンシス，ホモ・ネアンデルタレンシス，ホモ・サピエンス

分岐分類学（cladistics）

新しい化石が発見され、どの種に分類されるか決まると、次の段階に進む。それは、分岐分類学の手法を使って、個々の人類化石がヒト族人類のどの種とどのような関係にあるかを調べることである。

「単系統群（クレード（clade））」という専門用語は、それに属するすべての分類群が最近の単一の祖先に由来するということである。最小の単系統群は二つの分類群で構成され、最大の単系統群はすべての生物で構成される。分岐分類学的分析における分類群の区別は、分類群同士が特定の形態特徴をどれほどたくさん共有するかで判断される。密接した関係のある分類群同士を有効に区別するには、特定の形態特徴が二つ以上の分類群で共有されており、かつそれぞれの分類群内で変異していることが望ましい。なぜなら、その形態特徴はそれぞれの分類群を分割して別々の単系統をつくることにも使われるからだ。たとえば、高等霊長類が哺乳類であることを示す特徴の乳房や恒温性は、類人猿の分類にはまったく役に立たない。しかし、逆に、ある一つの分類群でしか見られない特徴も分類には役に立たない。つまり、変異があって、分類群によって共有されたりされなかったりする多くの形態特徴を分析することが重要である。

特殊化した形態を共有する二つの単系統を姉妹群とよぶ。それぞれの姉妹群は別の姉妹群を持つことがある（たとえば、ゴリラはヒトとチンパンジーそれぞれの姉妹群である）。単系統が枝分かれした略図は「分岐図（cladogram）」とよばれる。同様の関係はかっこを用いて、（（ヒト、チンパンジー）ゴリラ）オランウータン）のように表される。

分岐系統学的分析では、もし二つの分類群のメンバーが同じ形態特徴を共有するなら、それらは最近の共通祖先から受け継がれたと仮定される。この仮説は、たいていは正しいが、いつも正しいとは限らない。高等霊長類を含む霊長類は、しばしば収斂《しゅうれん》進化（別々の系統で類似した形態が発達すること）をしてきた。「成因的相同（homoplasy）」という専門用語は、二つの種に見られる同じような形態が最近の共通祖先から受け継がれたのではない場合を表している。たとえば、歯のエナメル質が厚いという特徴は、人類進化の過程で一度ならず起こっているので、ヒト族人類の中では成因的相同と見なされる。

化石DNA

ヒト族人類の中の分類群同士がどのように関係しているかを調べる最新の分析方法は、DNAの抽出と解析である。家族の中では、兄弟／姉妹は従兄弟／従姉妹よりも同じDNA配列を多く共有する。分類群同士も同じである。同じ分類群の二つの個体は、別々の分類群からの二つの個体よりも同じDNA配列を多く共有する。ただし、生存中は身体中にあるDNAも、死んでからは化石化の過程で急速に分解してしまう。たとえば、5万年もたてばきわめてわずかしか残らず、しかもちぎれて短い破片になる。ライプチッヒ大学にあるマックス・プランク人類進化研究所の分子生物学者スヴァンテ・ペーボが率いる研究チームは、人類化石からDNAを抽出することにはじめて成功した。DNAの証拠は第7章で述べよう。

DNA分析を行う研究者は、別のDNAによって汚染されないように特別の注意を払う。化石を扱う際には、汚染DNAのもととなる現代人の髪や皮膚の細胞を化石から取り除かなければならない。増幅・分析しようとするDNAが人類化石のものであって、混入したものではないことを証明する必要があるのだ。最近、ドウクツグマの1個の化石のDNAを分析したら、12人の現代人のDNA配列が見つかったくらいである。人類化石は、とくに昔に発見された場合には、何十人もの人々がそれに触っている。したがって、何人もの現代人DNA配列が見つかった人類化石の場合は、どれが実際の化石のDNA配列かどうか決めるのは難しくなってしまう。

段階（grade）

成因的相同による類似は、初期人類の系統分類作業を混乱させてきた。一方、系統群ではなく段階に分ける方法もある（図8）。段階に分けるのは、動物を系統関係ではなく、あるがま

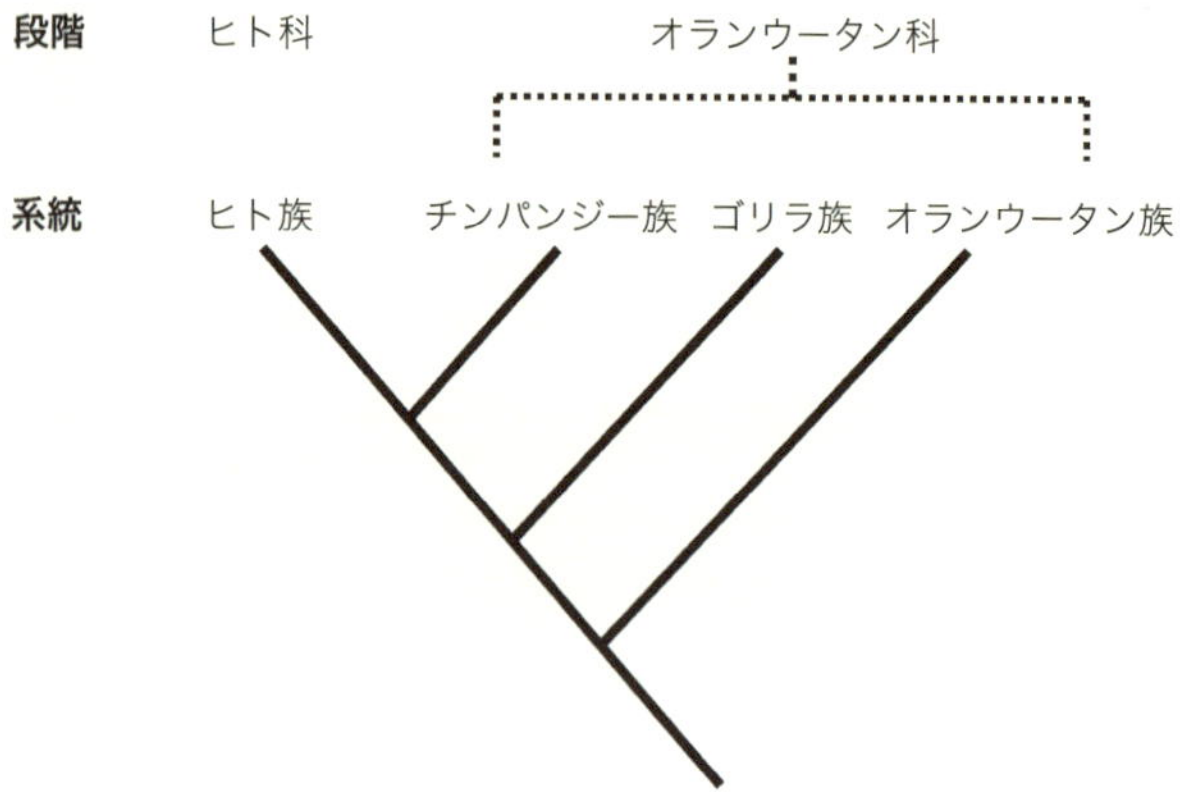

図8　現生高等霊長類における系統と段階の比較.

まに整理しようとする方法である。たとえばスポーツカーを集めたものが段階であり、フォード自動車会社の車をすべて（スポーツカーも含めて）集めたものが系統群である。段階は系統群でもあるが、必ずしもそうではない。たとえば、葉食性のサルは段階であっても系統群ではない。なぜなら、葉食性のサルは新世界ザル系統群および旧世界ザル系統群のうちの大型のサルに該当するからである。一つの系統群（単系統）は、共通祖先の子孫の一部だけではなく、すべてを含まなくてはならない。古人類学者は系統群より段階を受け入れやすい。しかし、たとえ議論が多くて一致しなくとも、系統樹の分岐パターンを明らかにすることは必要である。これらの議論は、後の章で述べよう。

機能・行動形態学

化石を分析して分岐図や系統図に整理することとは別に、古人類学者は過去の人類の適応状態を明らかにするために化石を利用する。彼らはその化石が属する種の個体がいかに暮らしていたかを復元し、さまざまの生息域の証拠と合わせて、その種がどのように環境に適応していたかという仮説を提唱する。研究者は、化石の動物について現在の動物と同じように知ろうとする。何を食べたか、どのように移動したか、集団だったか、単独だったか。古人類学者は、機能形態学や行動形態学の手法により、これらの疑問に答える。

機能形態学では、骨や歯がどのような機能を備えていて、いかに使われたかを考える。たとえば、曲がった指の骨は木の上で枝を握るのに適しているので、その動物の移動方法の中で木登りが重要だったことがわかる。親指の付け根の関節の形態と親指の長さは、いかに物をつかむことができるか(母指対向性)の指標となり、初期人類がどのような道具を使用したかわかる。同様に、大腿骨の形を見ると歩行のしかたがわかる(四足歩行と二足歩行による力の加わり方が違うため)。

機能形態学は、初期人類の食性を復元することにも役立つ。歯の形は何を食べてきたかを表している。歯冠が広く低く、咬頭が丸くて、厚いエナメル質に覆われている歯は、硬くなかなか噛みつぶせない食物あるいはナッツの殻のような堅固な外皮に覆われている食物を食べるために進化してきた可能性がある。研究者は、すべての歯の表面で、顕微鏡を使って肉眼では見えない細かい傷を調べる。地中で育つ根茎は砂粒を含んでいて、噛んだときにエナメル質の表面に明瞭な窪みをつくる。たまたま、動物が歯を踏んづけたり、歯に砂が吹きつけられたりすると、傷ができることがある。しかし、それらの傷はたいてい歯の側面につき、噛み合わせる面にはつかない。このように、初期人類の食生活を探る証拠として食物によってできた歯の微細な傷（磨耗）を調べる場合には、生前にできた傷と死後にできた傷とを厳密に区別することが重要である。

人類が食べた食物の種類をじかに示す証拠は、安定同位体分析である。化石の骨や歯に含まれる酸素・窒素・炭素それぞれの同位体を計測し、同位体同士の比率を求め、何を食べたかわかっている現在の動物の同位体の比率と比べるのだ。たとえば、葉を食べる動物と草を食べる動物を識別することができ、植物食動物と肉食動物も識別できる。ブラッドフォード大学考古科学研究室の同位体化学者ジュリア・リー・ソープと彼の同僚は、その方法で、スワルトクランス遺跡で発見された150万年前のパラントロプスが肉を食べていた動物の同位体比を示すことを突き止めた。その結果、パラントロプスが植物食だったというこれまでの見方を再検討することになった。

人類化石記録の空白と偏在

何十年間も、人類学者は、700～600万年前以降に生存した何千もの人類個体に由来する化石を集めてきた。この数は多いように思えるかもしれないが、大部分は現在に近い年代のものだ。この年代的な偏在のほかにも、人類化石にはさまざまな偏りがある。このような偏りが起こる機序を明らかにし、それを正そうとする学問は「化石生成学」とよばれる。歯や下顎骨あるいは四肢の大きな骨はよく残るが、椎骨、肋骨、骨盤、指の骨などは緻密質が薄く、容易に破損するので残りにくい。つまり、骨の残りやすさは大きさと頑丈さに比例する。椎骨のような軽い骨は雨による川の氾濫で流され、湖に運ばれ、サカナやワニの骨と一緒に化石になる。一方、重い頭骨や大腿骨は洪水で流され、川底の岩の間に引っかかって、ほかの陸生の大型動物の骨と一緒に化石になる。

化石の残り方を左右するもう一つの要因は、捕食動物が死体のどの部分を好むかである。ヒヨウはサルの手足を嚙むのが好きなので、もし昔の絶滅した捕食動物も同じ習性があったのなら、人類化石の手足も発見されることが少ないはずである。実際、手足の化石はあまり産出しておらず、そのため歯の進化についてはよくわかっているが、手足の進化はよくわかっていない。身体の大きさも、化石が残るかどうかに影響する。身体の大きな種は化石として残りやすいし、同一種内でも身体の大きな個体は残りやすい。もちろん、このような偏りは人類化石にも該当する。

ある環境では、ほかに比べ、骨が化石になりやすく、発見されやすい。したがって、ある年代やある地域に由来する化石が多いからといって、その年代あるいは地域に多くの個体が住んでいたとは限らない。その年代や地域の状況が、ほかに比べて化石化に適していた可能性があるのだ。同様に、ある年代や地域から人類化石が見つからなくても、そこに人類が住んでいなかったことにはならない。「証拠のないのは、存在しない証拠ではない」という格言もある。したがって、昔の種は、最古の化石が発見される年代より前に誕生し、最新の化石が発見される年代より後まで生存していたことになる。つまり、化石種の起源と絶滅の年代は実際に比べて常に控えめになる。

同様の制限は化石発見遺跡の地理的分布にも当てはまる。人類は、化石が発見される遺跡より広範囲で生存していたはずだ。また、過去の環境は現在とは違っていたはずだ。現在では厳しい環境も過去には住みやすかったかもしれないし、逆もあり得る。さらに、骨や歯を化石として保存してくれる環境は決して多くはない。酸性の土壌では、骨も歯もめったに残らない。とくに森林環境では、湿度が高く土壌が酸性なので、化石は残らないと考えられてきた。しかし、最近では、必ずしもそうではないことが明らかになった。とはいえ、考古学者が石器と人骨を一緒に発見したいと願っても、たいてい人骨は溶けてしまい、石器しか発見できないのでである。

(訳注5)日本語では属と族が同じ発音なのでややこしいが、生物の分類用語として決まっているので、やむを得ない。

(訳注6)チンパンジーの染色体数は24対48本であり、ヒトの染色体数は23対46本である。

第5章
初期猿人：かもしれない人類

【訳者補足】　従来、日本の人類学研究者は、ヒト族に含まれる人類（チンパンジーとの共通祖先から分かれた後の単系統群）を、「猿人」、「原人」、「旧人」、「新人」という四つの進化段階に分けていた。最近では、さらに「猿人」を「初期猿人」と「猿人」に分ける傾向がある。本書の英語原本では、ヒト族に含まれるすべての人類を「hominin」（ホミニン）とよんでいる。そして、ヒト族人類の進化段階を、日本人研究者の人類進化段階とは違った四つの進化段階に区分したうえで、第5章と第6章ではヒト族（hominin）という名称を使い、第7章と第8章ではヒト族の一部であるホモ属（*Homo*）という名称を使っている。日本語訳の本書では、日本における従来の段階ごとの名称を参考としながら、原本の章立てに合わせて、第5章「初期猿人：かもしれない人類」、第6章「猿人とホモ・ハビリス：ほぼ確実に人類」、第7章「原人と旧人：古代の人類」、第8章「新人：われわれ自身の人類」という四つの進化段階による章立てとした。なお、ホモ・ハビリスは猿人と原人のどちらに含めるか定まっていないが、本書の著者バーナード・ウッドは、ホモ・ハビリスはアウストラロピテクスと区別できない、つまり猿人に含めるべきと考えている。

800万年前、アフリカの大部分は密林に覆われ、川や湖が散在し、霊長類の多くは樹上に住んでいた。800〜500万年前にかけて、地球規模の長期的な寒冷化と乾燥化がはじまった。乾燥化の原因は、北極と南極付近の氷床がどんどん厚くなり、地球の湿気を吸収してしまったからだ。気温は下がり、アフリカでさえ涼しくなった。標高の高いところでは寒くさえなった。

人類の進化は、このような気候変動のさなかのアフリカで起こった。乾燥化によって、密林は疎林へと変化した。森林の間に草原が部分的に進入してきた。現在のサバンナで見られるアンテロープやガゼルのような草原に適応した動物は、昔からサバンナに住んでいたと思いがちである。しかし、このような動物相やサバンナが出現したのは、比較的最近の現象にすぎない。ヒトとチンパンジーの共通祖先が住んでいたのは、密林だった。その子孫の一部が、開けた草原で生きるための適応を開始した。

最初期の人類すなわち初期猿人の化石が発見される遺跡の当時の環境は、一緒に発見される動物化石や安定同位体分析などから、森林・草原・湖・川辺林などがモザイク状に混ざり合った地域だったことがわかる。密林の環境からは、初期猿人らしき化石はまったく発見されていない。しかし、初期猿人は森林と草原の両方に適応していたと考えるのが妥当だ。森林では、果物があり、樹上で巣をつくり、捕食動物から身を守ることができた。パッチ状の草原では根茎などの食物があり、川や湖では貝や魚が捕れた。洞窟で人類化石が発見されることがあるので、彼らはそこに住んでいたと思われがちだが、洞窟は暗くて湿っているので、火を利用する技術がない限り霊長類にとって快適とはいえない。

初期猿人と初期チンパンジーの祖先とをいかに区別するか

現在のチンパンジーとヒトの骨格には、脳頭蓋、顔、頭蓋底、歯、手、骨盤、膝、足など多くの部分で違いがある。それとは別に、成長や成熟の仕方、腕と脚のプロポーションなど重要な違いもあるが、よほど完全な化石がない限り違いを比較するのは難しい。

表3に示したのは、現在のチンパンジーとヒトの骨格の違いである。初期猿人の化石を求めて800〜500万年前の地層を探す研究者は、表3とは別に、初期猿人と初期チンパンジーがどのように違うかを考えなければならない。それは、現在のヒトとチンパンジーの共通祖先はどちらとも違うようにはっきりとはしていなかっただろう。ヒトとチンパンジーの違いのよ

表3　現在のヒトとチンパンジーの骨格に見られるおもな違い

部　位	ヒ　ト	チンパンジー
額	立っている、傾斜が急	傾斜が緩い
顔	平　ら	突　出
脳頭蓋	上方が広い	下方が広い
脳容積	大きい	小さい
犬　歯	小さい	大きい
頭蓋底	曲がっている	まっすぐ
胸　郭	釣鐘形	円錐形
腰　椎	５個	３～４個
四肢長骨	まっすぐ	曲がっている
四肢のプロポーション	下肢が長い	上肢が長い
手　首	動きやすい	動きにくい
手	半球状	平らで掌が長い
	親指が長い	親指が短い
足	アーチ構造がある	平　ら
	親指が大きくまっすぐ	親指が離れる
骨盤の産道	新生児とほぼ同じ	新生児より大きい
骨と歯の成長	遅　い	速　い

が、大部分の研究者は少なくともヒトよりはチンパンジーに似ていると考えている。そのロジックはこうだ。ゴリラは、形態学的にも遺伝学的にも、ヒトとチンパンジーの共通祖先に最も近い動物である。ゴリラは形態学的にはヒトよりもチンパンジーによく似ている（ゴリラの骨は、ヒトの骨と間違えることはないが、チンパンジーの骨と間違えることは大いにあり得る）。したがって、ヒトとチンパンジーの共通祖先は、ヒトよりもチンパンジーに似ていただろう。共通祖先の骨格は樹上生活に適応した証拠を示すに違いない。たとえば、指は曲がっていて枝をつかむことができ、四肢は四足でも二足でも歩くことができただろう。顔は、鼻面が出っ張っていて現代人の

ように平らではなかっただろう。顎は前後に長めで、犬歯と上顎の中切歯が発達し、臼歯はあまり大きくなかっただろう。

最初の人類

最初期のチンパンジーは、ヒトとチンパンジーの共通祖先からあまり変わらなかっただろう。では、最初期の人類である初期猿人はヒトとチンパンジーの共通祖先からどのように変わっていたのだろうか、また、最初期のチンパンジーとどのように違っていたのだろうか。研究者は、初期猿人は最初期のチンパンジーとは異なり、犬歯が小さく、臼歯が大きく、下顎骨は頑丈だったと予想している。さらに、直立して二本足で歩く機会が多くなったことに適応して、頭骨と体の骨に何らかの変化が起こっていただろう。これらの変化は、脳と脊髄を結ぶ大後頭孔の前方移動による頭部支持バランスの改良、垂直な体幹、広い骨盤、まっすぐな膝関節、しっかりした足構造などを含んでいた。

単純vs複雑

分けたがり屋（スプリッター）の研究者と纏《まと》めたがり屋（ランパー）の研究者は、人類進化の初期段階に関してまったく異なるイメージを持っている。纏めたがり屋は、ゴリラやオランウータンよりはヒトやチンパンジーに近い８００〜５００万年前の高等霊長類は一つの分類群しかなく、それが属するのは三つの選択肢しかないと考えている。すなわち、ヒトとチンパンジーの共通祖先、ヒトの原始的な祖先、あるいはチンパンジーの原始的な祖先である（図９A）。分けたがり屋は、ヒトの最初期の祖先やチンパンジーの最初期の祖先はいくつかの近縁な分類群の中の二つにすぎないと考え、８００〜５００万年前の化石が別の分類群に属する可能性を考える。つまり、前述の三つの選択肢とは別に、ヒトとチンパンジーを含む単系統群の姉妹群として絶滅したヒト亜族やチンパンジー亜族を想定している（図９B）。

分けたがり屋は、８００〜５００万年前の年代に成因的相同性による収斂《しゅうれん》現象の証拠を探そうとする。成因的相同性は、ヒト族とは別に独立に進化した分類群と本当のヒト族とを識別することを妨げる。つまり、独立に進化した分類群が、ヒト族にしかないと考えられる特徴をいくつか持っているのだ。私を含めた何人かの研究者は、最初期のヒト族とそれ以外の分類群とを識別するには、もっと信頼性の高い証拠が必要であると考えている。

最初の人類という称号への挑戦者

最初の人類という称号への挑戦者として、三つの属に属する四つの種の人類が挙げられる。ただし、いずれの化石も部分的なので、最初の原始的な人類であるかどうかの判断は難しい。

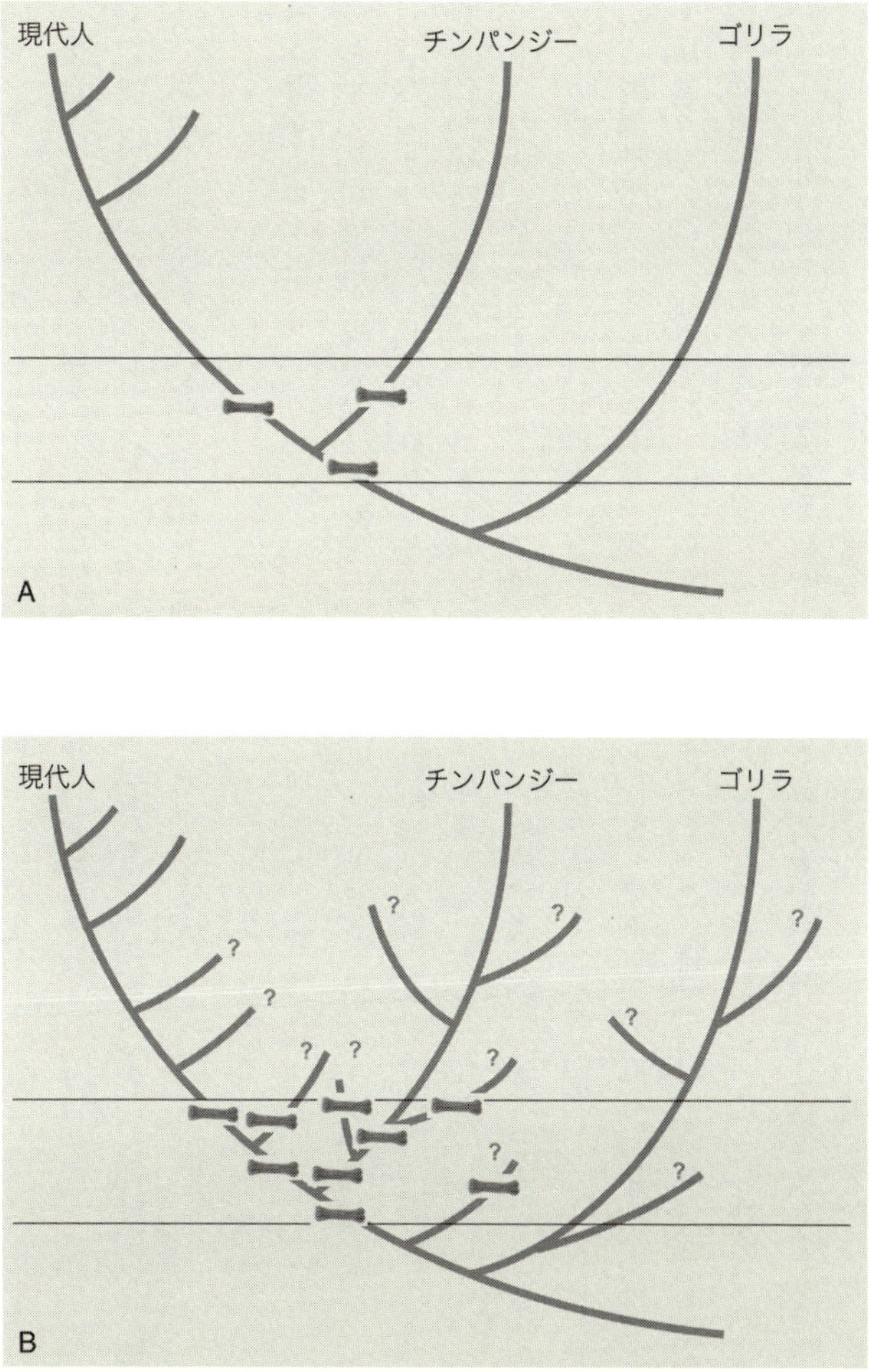

図9　系統樹における高等霊長類の枝に関する２種類の解釈．纏めたがり屋の簡単な枝分かれ（A）と分けたがり屋の複雑な枝分かれ（B）．

四つの種の化石全部でもスーパーマーケットのカートに収まってしまうし、さらに十分なスペースがある。しかも、カートの中の四つの種の化石証拠はそれぞれ部位が違っている。第一の種は歪んだ頭骨と下顎骨の破片と歯、第二の種は歯と手足の骨、第三の種は歯と大腿骨の破片、第四の種は頭蓋の破片と下顎骨と歯と四肢の骨である。

サヘラントロプス

最初の挑戦者は、2001年以降にミッシェル・ブルネとそのチームが発見したサヘラントロプス・チャデンシス（意味は『チャドのサヘル地域の人』）という化石である。年代は、相対年代測定法によって700～600万年前と推定されている（図10）。

サヘラントロプス・チャデンシスは、いくつかの理由で重要である。まず、この化石は中央アフリカにあるチャド共和国のトロス・メナラ遺跡で発見された（図11）。ここは、サヘルという乾燥地帯で、すぐ北はサハラ砂漠である。しかし、700～600万年前のようすはいまとは違っていた。地質学的・古生物学的証拠によると、この挑戦者は、森林に囲まれていて、草原性疎林、湖、川などが入り混じる地域に住んでいた。なぜなら、ここの地層は湖底堆積物であり、淡水魚だけでなく森林および草原に住む植物食動物の化石を含んでいるからだ。

次に、この最初期人類化石は、完全だが歪んだ頭骨と二つの下顎骨破片を含んでいたことで

0
1
2
3
4
5
6
7
8
100万年前
ホモ・サピエンス
ホモ・ネアンデルタレンシス
ホモ・ハイデルベルゲンシス
ホモ・アンテセッソル
ホモ・エレクトス
ホモ・フロレシエンシス
ホモ・エルガスター
ホモ・ハビリス
ホモ・ルドルフェンシス
アウストラロピテクス・ガルヒ
アウストラロピテクス・バールエルガザリ
ケニアントロプス・プラティオプス
アウストラロピテクス・アナメンシス
アウストラロピテクス・アファレンシス
アウストラロピテクス・アフリカヌス
パラントロプス・エチオピクス
パラントロプス・ロブストス
パラントロプス・ボイセイ
アルディピテクス・ラミダス
アルディピテクス・カダッバ
オロリン・トゥゲネンシス
サヘラントロプス・チャデンシス
新人（「われわれ自身の人類」）
原人と旧人（「古代の人類」）
猿人とホモ・ハビリス（「ほぼ確実に人類」）
初期猿人（「かもしれない人類」）

図10　ヒト族人類の生存年代（初期猿人に注目）.

も重要である。担当した研究者は、ヴァーチャル人類学の手法で頭骨の歪みを矯正したので、ほかの人類化石やチンパンジーと意味深い比較をすることができた。

サヘラントロプス頭骨は、脳容積こそチンパンジーと同程度だが、眼窩上隆起はもっと新しい猿人によく似ていた。下顎骨は現在のチンパンジーより頑丈だった。上顎犬歯は先端だけが磨り減っていて、チンパンジーのように後縁が鋭く磨り減ってはいなかった。チンパンジーでは、上顎犬歯は、下顎第一小臼歯とこすれ合って、その後縁が研がれ、ナイフのようになっている。だが、これらの証拠だけで、サヘラントロプスが最初期の人類（初期猿人）であって、ヒトとチンパンジーとの共通祖先でも初期チンパンジーでもなく、さらに別の絶滅した単系統群でもないといえるのだろうか。

すべての古人類学者がサヘラントロプスをヒト族人類と認めているわけではない。化石のゴリラというのは、さすがに間違いだろう。もしサヘラントロプスがヒト族人類の一員なら、初期猿人の生息域はこれまで考えていたよりはるかに広かったことになる。

オロリン

次の挑戦者は、ケニア北部のトゥーゲン・ヒルズで発見されたオロリン・トゥゲネンシス（『トゥーゲンの祖先』）であり、2番目に古い原始的な最初期人類の可能性がある。年代は、カリウム・アルゴン法によって約600万年前と推定されている。下顎大臼歯の歯冠が1974年に、さらに12個の化石が2000年以降に発見されたが、破片しかない。

化石を発見したのはパリのコレージュ・ドゥ・フランスのブリジット・セニュとマルチン・ピックフォードであり、二人は頭骨と身体の骨の別々の化石を根拠とした。

オロリンの小臼歯と大臼歯はエナメル質が厚い。化石を発見したセニュとピックフォードは、これほど厚いエナメル質はチンパンジーには見られず、ヒト族人類の一員である猿人にしか見られないと主張する。彼らは、さらに大腿骨上部の構造を重要視している。木登りをする霊長類では大腿骨頸部の緻密質は全周にわたって等しく厚いが、二足歩行するヒトでは大腿骨頸部の下縁のみが厚い。セニュとピックフォードは、オロリンの大腿骨頸部の緻密質は、ヒトのように下縁のみが厚いと強調している。しかし、彼らが大腿骨頸部を撮影したCT画像は著しく不鮮明で、緻密質の厚さがよくわからない。

オロリンが最初期人類ではないという批判は三つある。第一は、オロリンの大腿骨は樹上生活をする霊長類と大差ないということ。第二は、厚いエナメル質という特徴がヒト族人類にのみ見られるかどうか明らかになっていないこと。第三は、彼らも認めているように、オロリンの歯の形態は類人猿と似ていることである。

さらに証拠が充実するまでは、オロリンはヒトとチンパンジーとの共通祖先に近い類人猿と

1 コロ・トロとトロス・メナラ（アウストラロピテクス・バールエルガザリ、サヘラントロプス・チャデンシス）
2 ハダール（アウストラロピテクス・アファレンシス）
3 ミドル・アワッシュとゴナ（アウストラロピテクス・アファレンシス、アルディピテクス・カダッバ、アルディピテクス・ラミダス、アウストラロピテクス・ガルヒ）
4 コンソ（パラントロプス・ボイセイ）
5 オモ（アウストラロピテクス・アファレンシス、パラントロプス・エチオピクス、パラントロプス・ボイセイ）
6 クービ・フォラ（パラントロプス・ボイセイ?、アウストラロピテクス・アファレンシス）
7 ウエスト・トルカナ（パラントロプス・エチオピクス、パラントロプス・ボイセイ、ケニアントロプス・プラティオプス）
8 アリア・ベイ（アウストラロピテクス・アナメンシス）
9 カナポイ（アウストラロピテクス・アナメンシス）
10 ルケイノ（オロリン・トゥゲネンシス）
11 ペニンジ（パラントロプス・ボイセイ）
12 オルドヴァイ渓谷（パラントロプス・ボイセイ）
13 ラエトリ（アウストラロピテクス・アファレンシス）
14 メレマ（パラントロプス・ボイセイ）
15 マカパンスガット（アウストラロピテクス・アフリカヌス）
16 ゴンドリン（パラントロプス・ロブストス）
17 クロムドライ（パラントロプス・ロブストス）
18 ドリモレン（パラントロプス・ロブストス）
19 ステルクフォンテイン（アウストラロピテクス・アフリカヌス）
20 スワルトクランス（パラントロプス・ロブストス）
21 グラディスヴェール（アウストラロピテクス・アフリカヌス）
22 クーパーズ（パラントロプス・ロブストス）
23 タウング（アウストラロピテクス・アフリカヌス）

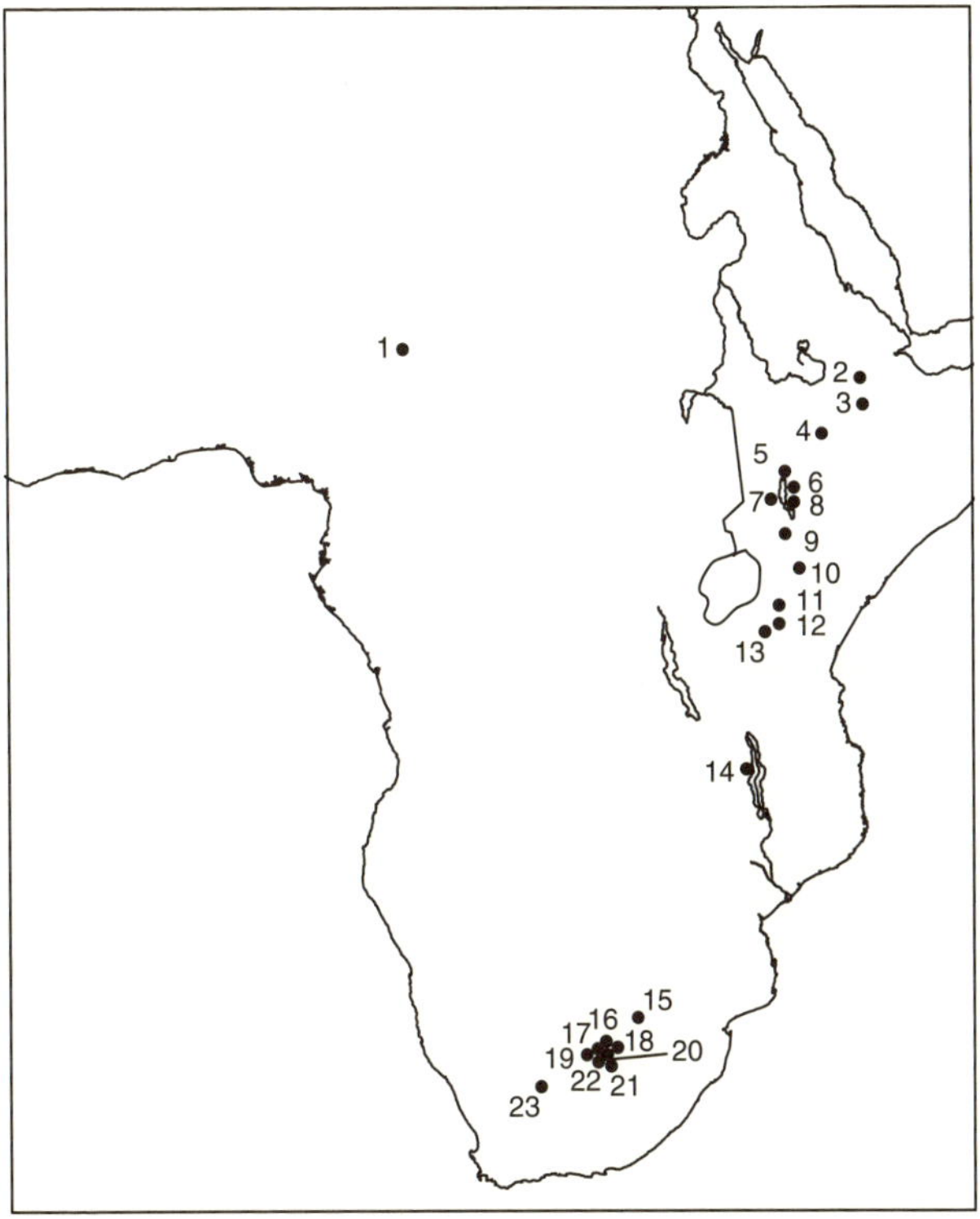

図11　初期猿人と猿人の化石が出土したアフリカの遺跡.

見なすのがよいだろう。

アルディピテクス

第三・第四の挑戦者は、同じアルディピテクス属に含まれる2種の原始的なヒト族人類であり、カリフォルニア大学のティム・ホワイト、東京大学の諏訪元、エチオピアのベルハネ・アスフォーたちによって発見された。古い方は570〜520万年前のアルディピテクス・カダッバ（『地上のサルの祖先』）であり、エチオピアのミドル・アワッシュで発見された。化石は、下顎骨、歯、そしていくつかの身体の骨を含んでいる。上顎犬歯が長くて尖っているなど多くの特徴はチンパンジーと似ていて、後の時代の猿人と似ている特徴はほとんどない。つまり、ヒト族に属するという根拠は強くはない。

新しい方はエチオピアのミドル・アワッシュとゴナから発見されたアルディピテクス・ラミダス（『地上のサルの根源』）であり、年代は450〜400万年前である。化石は、たくさんの歯、いくつかの上顎骨破片、手足の小さな骨、頭蓋底の破片を含んでいた。発見者たちは、これらの化石はアルディピテクス属に含まれるが、犬歯の形態はチンパンジーとは似ていないので、アルディピテクス・カダッバではなくアルディピテクス・ラミダスという別種とした。

アルディピテクス・ラミダスがヒト族人類に含まれるとするいくつかの根拠があるが、最強の証拠は大後頭孔の位置が、チンパンジーより前進しているが現代人ほどではない点である。現在のところ、アルディピテクス・ラミダスの脳容積は不明で、姿勢や移動方法の証拠は貧弱である。身体の大きさは、カダッバもラミダスも小柄なチンパンジーと同じくらいで、30～35キログラムほどだった。ラミダスの歯や頭蓋底の形態は後の時代の猿人と似ていたが、全身の姿は現代人よりはチンパンジーと似ていただろう。

最初期の人類の可能性のある4種のうちで、サヘラントロプス・チャデンシスとアルディピテクス・ラミダスはヒト族人類の系統に含めてもよさそうである。分けたがり屋の研究者なら四つの種名と三つの属名を認めるだろう。纏めたがり屋の研究者は、4種を認めたうえでそれぞれがアルディピテクス属に含まれるとするか、すべてが広義のアルディピテクス・ラミダス[7]という1種に含まれるとするだろう。

チンパンジーの祖先の化石はほとんど発見されていない

現在のヒトとチンパンジーが互いに最も近い動物であるなら、同じ時間を別々に進化してきたはずだ。以下の章で示されるようにヒトの祖先の化石はたくさん発見されているが、チンパンジーの祖先の化石は事実上皆無である。唯一の例外は、ケニアのバリンゴで発見された70万年前の遊離歯（顎の骨に植わっていない状態の歯）である。

実に不思議だ。かつては、チンパンジーは森に住んでいたが、森では地層が浸食されないので化石が発見されないと説明された。あるいは、森の土壌は酸性なので、骨が溶けてしまって化石にならないともいわれた。しかし、両方とも信じがたい。森の中では、化石は発見されにくいが、存在はする。ただ、チンパンジーの祖先の化石を含んでいないのだ。アルディピテクスやオロリンやサヘラントロプスといわれている化石の中に、チンパンジーの祖先が含まれているかもしれない。しかし、ヒトの最古の祖先ではなくチンパンジーの最古の祖先を探そうとする化石研究者は誰もいない。

広い生物学的興味という観点から見ると、ヒトの祖先をさらに見つけるよりはチンパンジーの祖先を一つでも見つけるほうが重要だろう。もし最初期のチンパンジーがどのような姿をしているかわかったなら、ヒトの最初期の祖先を適切に同定できる機会が増えるだろう。さらに、初期のチンパンジー化石を発見すると役に立つ別の理由もある。現在のところ、研究者は、ヒトとチンパンジーの共通祖先もチンパンジーの祖先も現在のチンパンジーと似ていたと推測している。そこで、もし最初期のチンパンジーがどのような姿か推測するのではなく実際にわかれば、ヒトとチンパンジーを含む単系統群の中で、成因的相同性がどのように起こったかを明らかにすることができる。

注目すべき点

・もし、ヒトとチンパンジーの分岐年代が分子時計の証拠によって800万年前から500万年前に近づくなら、サヘラントロプス・チャデンシスのような最初期人類かもしれない化石は年代が古いので、人類の系統から外されることになるだろう。

・800~500万年前の化石証拠がもっと発見されれば、最初期の人類（初期猿人）の進化が、単純だったか複雑だったか明らかになるだろう。

・もし森林環境だった地層の調査が進めば、チンパンジーの祖先とゴリラの祖先の化石証拠が見つかるだろう。

（訳注7）アルディピテクス・ラミダスは、2009年に個体骨格を含む多くの化石の研究結果が発表されているので、追加解説で紹介する。

第6章
猿人とホモ・ハビリス：ほぼ確実に人類

この章では、ヒト族人類に含まれることがほぼ確実な人類である猿人を取り扱う。彼らの形態はチンパンジーよりも現代人に近い。しかし、われわれ自身が含まれるホモ属（ヒト属）の人類を特徴づけるような顎と歯、あるいは身体のサイズとプロポーションは、まだ備わっていなかった。この章の終わりでは、猿人とホモ属との移行形であるホモ・ハビリスについても考察する。

東アフリカの猿人

アルディピテクス・ラミダスの年代から50万年後の400〜300万年前には、前の章で議論した「かもしれない人類」よりもはるかに完全な人類である猿人の化石記録が見つかっている。それはまごうことなきヒト族人類で、アウストラロピテクス・アファレンシス（『アファール地区の南のサル』）とよばれる。

アファレンシスの化石は、1974年にタンザニアのラエトリから、そして同時期にエチオピアのハダールから見つかっている。いくつかの保存のよい頭骨と下顎骨、たくさんの体の骨があるので、身長や体重を信頼性高く推定できる。

ハダールの化石は、骨格の半分が残っている有名な女性個体「ルーシー」を含んでいる（図12）。この発見は世界的な大ニュースになった。なぜなら、これほど完全にそろった猿人の化石が発見されたことはなかったからである。個体の骨格が見つかると、これまでバラバラに発見されていた頭骨や歯と四肢骨の実際の組み合わせがわかり、身長や体重、四肢のプロポーションなどが正確に推測できる。

アウストラロピテクス・アファレンシスは体重が35〜55キログラムほどだった。脳容積は400〜500ミリリットルであり、チンパンジーの平均350ミリリットルやサヘラントロプス・チャデンシスの300〜325ミリリットルより大きい。しかし、脳容積は身体の大きさに比例するので（シロナガスクジラは身体が大きいので脳もヒトより大きいという理屈）、アファレンシスの脳は体重がほぼ等しいチンパンジーよりはやや大きい程度である。切歯はチンパンジーよりはるかに小さいが、小臼歯と大臼歯はチンパンジーよりずいぶん大きい。つま

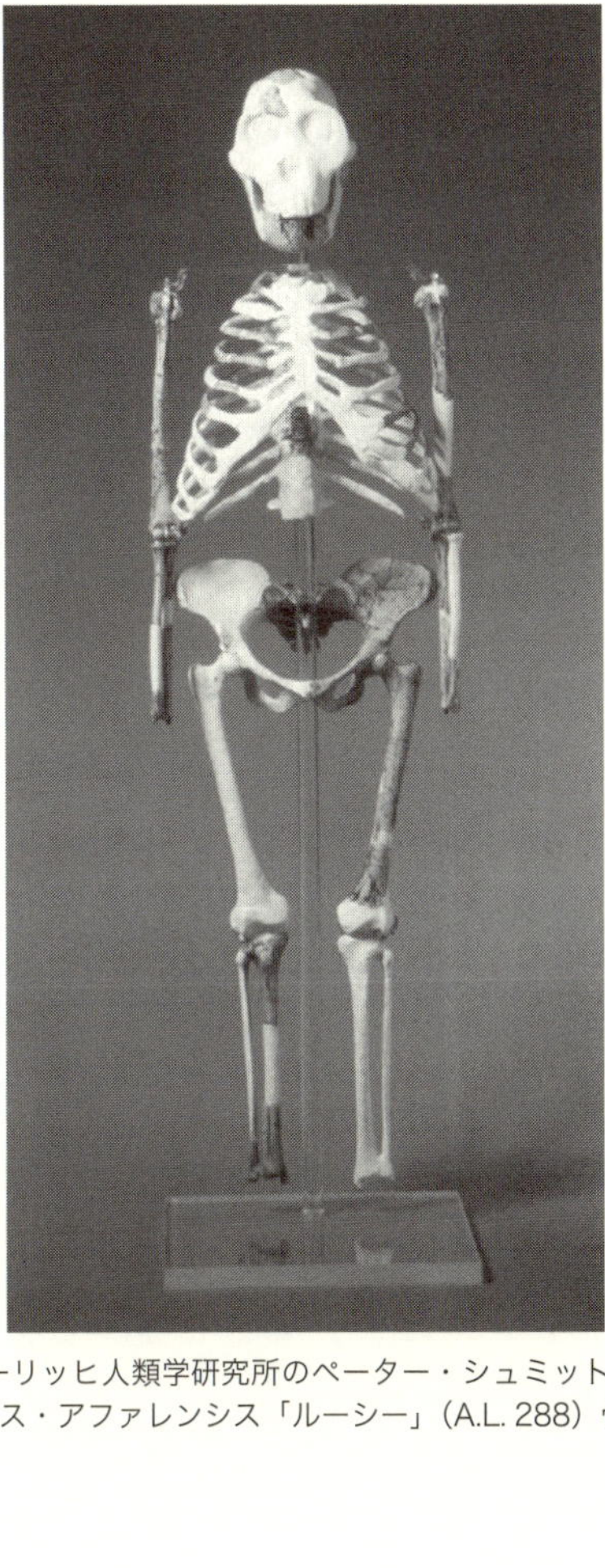

図12　チューリッヒ人類学研究所のペーター・シュミットによるアウストラロピテクス・アファレンシス「ルーシー」（A.L. 288）骨格の復元.

り、アファレンシスの食物にはチンパンジーの食物よりも硬く、なかなか嚙みつぶせないものが含まれていたことがわかる。骨盤と下肢骨の形態は直立二足歩行の能力があったことを示すが、長距離は歩けなかったらしい。

人類がつけた足跡の最古の例は、タンザニアのラエトリでメアリー・リーキーが1976年に発見した360万年前の足跡列化石である。人類の足跡は、ウマからウサギに至る大小さまざまな動物がつけた多くの足跡のうちの一つだった。平らな地面に降り積もった火山灰の上に雨が降ったので、足跡がよくついたのだ。この地域の火山灰は炭酸塩を含んでいたのでセメントに似た性質があり、乾くと固まった。ハリウッドの歩道に映画スターたちが手形や足形をつけているのと同じである。この足跡列は、この時代の猿人（アウストラロピテクス・アファレンシス）が二足歩行できたことを一目瞭然に示している。18センチメートル、21センチメートル、26センチメートルの長さの足跡があり、推定された110センチメートルから155センチメートルほどの身長は、アファレンシスの化石から推測された身長に合致するものだった（図13）。

ケニアのカナポイで発見された420〜390万年前の化石は、アウストラロピテクス・アナメンシス（『アナム地域の南のサル』）とよばれ、アウストラロピテクス・アファレンシスの祖先らしいと見なされている。アナメンシスの犬歯はアファレンシスよりもチンパンジー的だが、臼歯はチンパンジーとはまったく違う。チャドでは、後にサヘラントロプス・チャデンシ

図13　ラエトリ遺跡で足跡をつけたと想定されるアファール猿人家族の復元像.

スが発見されるトロス・メナラの近くにあるバール・エル・ガザールで、1995年に350万年前の化石が発見され、アウストラロピテクス・バールエルガザリ（『バール・エル・ガザール地区の南のサル』）と名づけられた。しかし、おそらく、独立した種ではなくアウストラロピテクス・アファレンシスの地理的変種にすぎないというのが正解だろう。

東アフリカの第四の猿人は、エチオピアのブーリとミドル・アワッシュで発見された250万年前のアウストラロピテクス・ガルヒ（『驚くべき南のサル』）であり、いろいろな点で特別に風変わりだ。四肢骨は二足歩行していたことを示しているが、歯はほかの3種の華奢型猿人とよばれるアウストラロピテクス（アナメンシス、アファレンシス、バールエルガザリ）よりも大きい。石器はアウストラロピテクス・ガルヒの化石と一緒には発見されていないが、すぐ近くで発見された動物化石には、石器を使って肉を削ぎ取ったときにできる切り傷があった。石でつくった鋭い刃の剥片があれば、肉を容易に切り取ることができる。これは、250万年前の人類が意図的に動物の死体を解体したことを意味し、現在のところ、その最古の証拠である。

南アフリカの猿人

これまで紹介してきた猿人の化石は中央アフリカと東アフリカの開地遺跡（洞窟ではなく、開けた場所にある遺跡）で発見されていた。しかし、化石が発見されるのは人類が住んでいた場所とは限らない。たとえば、豪雨によって流されて、あるいは捕食動物が獲物を運び込んで隠す場所の近くに集積されるなど、何らかの原因で人類化石が集まる場所がある。大部分の遺跡では、人類化石が発見された地層あるいはその上下の地層に含まれる火山灰などを、放射性同位元素法によって測定して年代が推定される。

しかし、アウストラロピテクス・アファレンシスの化石が発見される50年近くも前の1924年、南アフリカでは子供の頭骨化石がまったく違った地質学的背景で発見された。それは、タウングのバクストン石灰岩採石場に開いた小さな洞窟の中にあった化石骨の破片の中から見つかった。この新しい人類化石は、レイモンド・ダート教授の注意を引いた。彼こそが、その重要性に最初に気がついた専門家なのだ。

ダートはこの化石をアウストラロピテクス・アフリカヌス（『アフリカの南のサル』）と命名した（図14）。しかし、彼が1925年に*Nature*誌に報告書を書いたときの専門家の反応は冷たいものだった。大部分の研究者は無視するか、ダーウィンが「アフリカこそ人類の揺籃の地だ」と言ったことを忘れていた。ところが、ダートは素晴らしく有能な味方を得た。それは、すでに哺乳類型爬虫類の化石の収集と研究で名をなしていた古生物学者ロバート・ブルームだった。ブルームは、ダートが類人猿のような祖先と現代人とを結ぶ重要なリンク（鎖の環）を見つけたと確信していたので、アウストラロピテクス・アフリカヌスあるいは類似の人類化石が埋まっているかもしれない洞窟を次々に調査しはじめた。

ブルームは10年以上も調査を続け、ようやく第二の人類遺跡であるステルクフォンテイン洞窟を発見した。ここでは、現在ではタウングと同じ種に属すると見なされる猿人の成人の化石が見つかった。さらに、二つの洞窟、クロムドライとスワルトクランスでも、顎と臼歯が大きな猿人の化石が見つかった。これらは、現在ではアウストラロピテクス・アフリカヌスとは別の属と見なされ、パラントロプス・ロブストス（『頑丈な副人』）とよばれている。歯はかなり

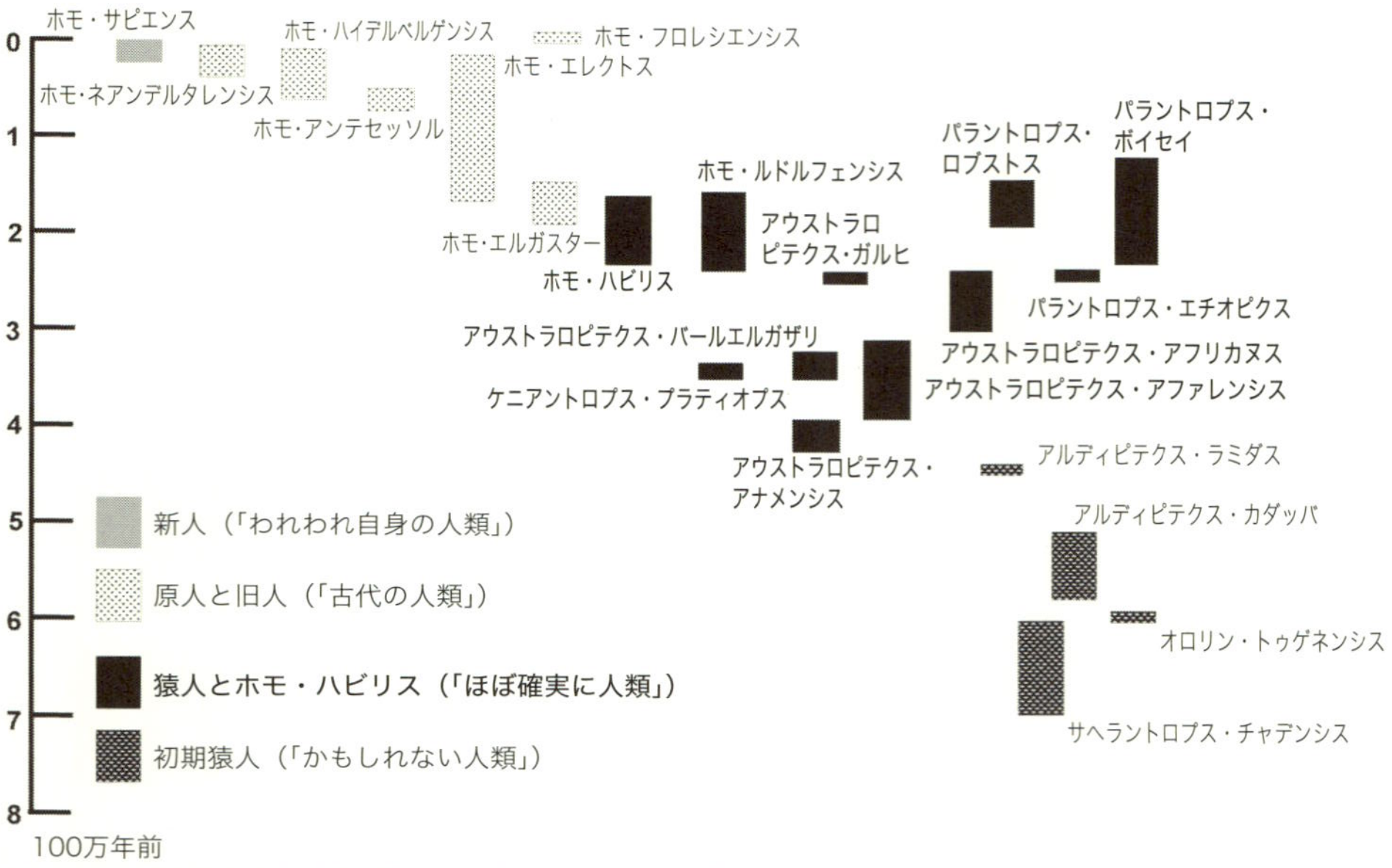
0
1
2
3
4
5
6
7
8
100万年前
ホモ・サピエンス
ホモ・ネアンデルタレンシス
ホモ・ハイデルベルゲンシス
ホモ・アンテセッソル
ホモ・フロレシエンシス
ホモ・エレクトス
ホモ・エルガスター
ホモ・ハビリス
ホモ・ルドルフェンシス
アウストラロピテクス・ガルヒ
パラントロプス・ロブストス
パラントロプス・ボイセイ
パラントロプス・エチオピクス
アウストラロピテクス・バールエルガザリ
ケニアントロプス・プラティオプス
アウストラロピテクス・アフリカヌス
アウストラロピテクス・アファレンシス
アウストラロピテクス・アナメンシス
アルディピテクス・ラミダス
アルディピテクス・カダッバ
オロリン・トゥゲネンシス
サヘラントロプス・チャデンシス
新人（「われわれ自身の人類」）
原人と旧人（「古代の人類」）
猿人とホモ・ハビリス（「ほぼ確実に人類」）
初期猿人（「かもしれない人類」）

図14　ヒト族人類の生存時代（猿人とホモ・ハビリスに注目）.

大きいが、歯の巨大な頑丈型猿人の中では大きいほうではない。最近になって、南アフリカのドリモレンやグラディスヴェールでも人類化石が発見されているが、すべてアウストラロピテクス・アフリカヌスかパラントロプス・ロブストスである。

南アフリカの猿人の解釈

問題の一つは、南アフリカの洞窟で発見される人類化石では、東アフリカの人類化石のように信頼性の高い年代測定ができないことだ。南アフリカのすべての洞窟では、猿人の化石は、ほかの動物の化石と一緒に、硬い骨混じりの洞窟堆積物である角礫岩に閉じ込められている。研究者は洞窟角礫岩の絶対年代を測定する方法を見つけようとしているが、現在のところ不可能で、見つかっている哺乳動物を東アフリカの遺跡の哺乳動物と比較することで年代を推定している。つまり、相対年代測定法で、アウストラロピテクス・アフリカヌス化石を含む角礫岩の年代は300~240万年前と推定されている。非常に完全なStw 573という登録番号の人類化石（通称、リトル・フット）が、ステルクフォンテイン洞窟の深部で見つかっていて、約400万年前といわれているが、アフリカヌスとしては古すぎる。しかし、アフリカヌスと似た猿人化石がステルクフォンテイン洞窟群の一部であるヤコヴ洞窟のさらに深部で見つかっていて、400万年前より古い可能性がある。

研究者の共通認識としては、アフリカヌスは、身体はアファレンシスと似ているが、臼歯は大きく、頭と顔はアファール猿人ほどチンパンジー的ではない。脳容積はアファレンシスより少し大きい。四肢骨は、二足歩行ができたが、木登りもしたことを示している。一緒に見つかった動物や植物から、当時の生活環境が草原性の疎林だったことがわかる。

一方、200〜150万年前のパラントロプスはアフリカヌスとは違って、臼歯が大きく、顔が広く、脳容積がやや大きかった。何人かの研究者はパラントロプスの歩き方がアフリカヌスとは違っていたらしいと主張しているが、証拠が十分ではない。アウストラロピテクス・アフリカヌスもパラントロプス・ロブストスも洞窟で発見されるが、そこで暮らしていたという痕跡はない。彼らの骨は、洞窟の入り口に生えた木の上からヒョウが落としたか、あるいはハイエナやヤマアラシが洞窟に持ち込んだのだろう。Stw 573のような完全な骨格は、自分で洞窟に落ちたか、迷い込んで出られなくなったのだろう。

東アフリカの巨大な歯を持つ頑丈型猿人

パラントロプスがアフリカヌスとは違っていることがはっきりしたのは、1959年にメアリーとルイスのリーキー夫妻がタンザニアのオルドヴァイ渓谷で190万年前の頭骨化石を発見したからだ。このOH 5という登録番号の頭骨は、パラントロプス・ロブストスと比べると、上顎骨の臼歯は大きいが切歯と犬歯は小さく、さらに切歯と犬歯は臼歯との割合でも著しく小さかった。この人類種は、何を食べていたにせよ、それを咬み切るために大きな切歯を必要としなかったのだ。

OH 5頭骨はジンジャントロプス・ボイセイ（『ボイズ氏の東アフリカ人』という種の模式標本になった。しかし、大部分の研究者はジンジャントロプスという属名を使わず、アウストラロピテクスあるいはパラントロプスという属名を使っている。私自身は、OH 5をパラントロプス・ボイセイ（『ボイズ氏の副人』）に含めている。さらに、タンザニアのナトロン湖にそそぐペニンジ川で、パラントロプス・ボイセイの大きく頑丈な下顎骨が発見された。その下顎骨は、臼歯がきわめて大きく、切歯と犬歯は小さかった。その後、タンザニアのオルドヴァイだけでなく、エチオピア、ケニア、マラウィなどでもパラントロプス・ボイセイの化石が発見されている。

パラントロプス・ボイセイの独特な点は、頭骨、下顎骨、歯の構成である。広く頑丈で平らな顔、巨大な臼歯、縮小した切歯と犬歯という組み合わせは、ほかの人類種には見られない。大きな上下顎骨と臼歯にもかかわらず、脳容積は450ミリリットルほどで、華奢型猿人とよばれるアウストラロピテクスと同様である。東アフリカのパラントロプスのうちで最古の230万年前の化石は、突出した顔、大きな切歯、類人猿的な頭蓋底を持ち、ボイセイとは別種のパラントロプス・エチオピクス（『エチオピアの副人』）とよばれる。

パラントロプス・ボイセイは、頭骨や下顎骨の化石はたくさんあるが、それらと一緒に見つかった体の骨の化石はないので、姿勢や歩き方に関しては推測の域を出ない。

大部分の研究者は、厚いエナメル質に覆われた大きな歯冠を持つ小臼歯と大臼歯、頑丈な体部を備えた大きな下顎骨、そして大型の個体で発達する頭頂部の矢状稜というボイセイの咀嚼器官の特徴は、種子や硬い外皮を持つ果実を主体とする食物に特殊化したものと見なしている。しかし、パラントロプスはイボイノシシに匹敵する適応をした霊長類だという研究者もある。大きな下顎骨と臼歯は、肉、植物、昆虫など何でも食べるためかもしれない。

パラントロプス・ボイセイの頭骨化石はいくつか発見されていて、脳容積が徐々に大きくなったことがわかる。パラントロプス・ボイセイやパラントロプス・ロブストスが原始的な石器がつくれなかったという形態学的な証拠はない。先の尖った骨がロブストスと一緒に見つかっていて、現在の採集狩猟民が栄養豊富で味のよいシロアリを捕るために蟻塚を壊すときに使う棒と同じような磨耗痕跡が見られる。

パラントロプス・ボイセイの最大の個体は男性と考えられ、女性と考えられる最小の個体の2倍もの体重がある（70キログラムと35キログラムほど）。現在の霊長類では、身体の大きさの違いが著しい場合は、メスへの性交渉をめぐってオス同士の競争が激しいという社会構造が存在する。そして、オスは大きな犬歯を見せて威嚇することによって階級の上下関係を確立する。パラントロプスの場合は、大きな犬歯はないので、もしオスの階級構造があったなら、それを維持するために犬歯に代わる何らかの手段があったはずだ。おそらく、顔の大きさそのもの（あるいはオランウータンのような頬の肉ヒダもあったかもしれない）を用いて、オス同士は階級の中の自分の位置を決めていたのだろう。

ケニアントロプス

最後に発見された猿人化石には、ケニアントロプス・プラティオプス（『顔の平らなケニア人』）という新属新種の名称がつけられた。この化石は2001年にミーヴ・リーキーと彼女の協力者が発見し、絶対年代が350〜330万年前と推測された。最もよく残っているのは頭骨だが、顔面頭蓋と脳頭蓋全体に割れ目が広がり、その中に地層の基質が染み込んでいる。それにもかかわらず、その頭骨から、顔は同じ年代のアウストラロピテクス・アファレンシスのように突出せず、平らなことが見てとれる。ミーヴ・リーキーたちは、ケニアントロプスはアファレンシスとは違い、次の章で述べる顔の平らなホモ・ルドルフェンシスに似ていると主張している。ただし、現在の研究段階では、顔の平らなことが最近の共通祖先に由来する共有形質なのか、それとも独立して生じた成因的相同性なのか確認できない。

ホモ・ハビリス

オルドヴァイ渓谷の、1959年にパラントロプス・ボイセイの頭骨が発見された近くで、1960年、ルイスとメアリーのリーキー夫妻は猿人より人間に近い人類種の最初の化石を発見した。いまでも、研究者はこれらの人類がわれわれ自身のホモ属の一員なのか、それとも脳容積が増加した猿人なのか議論している。

最初に発見されたのは、数本の歯、頭頂部、手の骨、かなりそろった左足の骨だった。翌年、リーキーたちは、不完全な十代後半の頭骨、脳頭蓋の破片、下顎骨、いくつかの歯を発見した。頭骨の化石には、大柄なパラントロプス・ボイセイの個体に特有な頭頂部の矢状稜はなく、小臼歯と大臼歯はボイセイの歯よりずいぶん小さかった。脳容積は小さかったが、ルイス・リーキーと南アフリカのヴィットウォーターズランド大学の著名な解剖学者であったフィリップ・トバイアスは、言葉をしゃべるための筋肉をコントロールする中枢と考えられていたブローカ野の痕跡が脳頭蓋の内面に見られると確信した。トバイアスは、ジンジャントロプスの頭骨化石を研究するためにリーキーから招待されていたのだ。

ルイス・リーキー、フィリップ・トバイアス、そして解剖学者のジョン・ネイピアは、この化石は新種を提唱するに値すると考え、ホモ・ハビリス(『器用なヒト』)と名づけた。それ以前の研究者の合意事項としては、ホモ属の人類は少なくとも750ミリリットルの脳容積が必要だった。しかし、オルドヴァイで発見されたハビリスの化石の脳容積は600〜700ミリリットルしかなかった。そこで、リーキーたちは、脳容積は少なくても、手の器用さや完全な直立二足歩行という機能的な基準に関しては、ホモ・ハビリスはホモ属の基準を満たしていると主張した。とくに手の器用さは、ハビリスにはあってもボイセイにはないと考えた。

それ以降、同様の化石が東アフリカや南アフリカの遺跡から発見されたが、最大の追加資料は、ケニアのクービ・フォラで発見された小型の KNM-ER 1813頭骨と大型の KNM-ER 1470頭骨だった。ホモ・ハビリスの化石がいくつも発見されると、脳容積の変異幅は500ミリリットルから800ミリリットルに拡がった。顔も、小さくて突出していたり（KNM-ER 1813）大きくて平らだったり（KNM-ER 1470）する。下顎骨も、形と大きさがさまざまである。ホモ・ハビリスの頭骨と一緒に見つかる四肢骨は、猿人と似ていて、腕が長く脚が短い。四肢骨の化石は十分にあり、プロポーションはアウストラロピテクス・アファレンシスと同様である。

さらに新しい化石の証拠を加えても、ホモ・ハビリスと猿人を区別することはできない。歯と顎から身体の大きさを推定しても、後のホモ属ではなく猿人と似ている。ホモ・ハビリスがしゃべることができたという当時の結論は、脳のブローカ野と音声言語との仮説的関連から推測されていたが、それはもはや根拠とはならない。現在では、言語能力には、脳の広い領域がかかわっていることがわかっているのだ。ホモ・ハビリスの体の骨も、猿人と事実上変わらない。オルドヴァイで発見されているハビリスの手の骨は、簡単な石器をつくって使うときに必要な器用さを持っているが、アファレンシスやパラントロプスの手の骨も同じである。

研究者は、ホモ・ハビリスの頭骨、下顎骨、歯の変異が単一の種としては広すぎるという共通認識を持っている。そして、多くの研究者は、これらの化石を狭義のホモ・ハビリスとホモ・ルドルフェンシス（『ルドルフ湖のヒト』）に分けている。ルドルフェンシスは、脳容積が大きいだけでなく（７００〜８００ミリリットル）、顔が大きく広く平らで、臼歯が大きいので、狭義のハビリス[8]とは食性が大きく違っていたらしい。ルドルフェンシスの体の骨については、まったくわかっていない。

注目すべき点

・アウストラロピテクス・アナメンシスからアウストラロピテクス・アファレンシスへ、そしてパラントロプス・エチオピクスからパラントロプス・ボイセイへの進化は、前進進化（アナゲネシス）によって新しい種が形成された例だろう。

・東アフリカと南アフリカに住んでいた歯の巨大な頑丈型猿人3種（パラントロプス・エチオピクス、パラントロプス・ボイセイ、パラントロプス・ロブストス）が、ほかの猿人に対してよりも互いに近縁かどうかは結論が出ていない。この問題は、さらに多くの化石が発見されるか、あるいは頑丈型猿人3種が示す特徴は成因的相同性ではないという証拠が見つかれば、解決するだろう。

・ホモ・ハビリスとホモ・ルドルフェンシスを別の種と見なす根拠は、ホモ・ルドルフェンシスの四肢骨がホモ・エルガスター（後述）と似ていることがわかれば、強化されるだろう。もしルドルフェンシスの骨格化石が見つかれば、一挙に解決する。

・研究者は、頑丈型猿人（とりわけパラントロプス・ボイセイ）の食生活を復元するために、化石の形態、機能、および同位体分析の証拠を活用する。そして、頑丈型猿人の特殊化した巨大な歯や顎は、限定された食物を食べるための適応だったのか、さまざまの種類の食物を食べるための適応だったかを明らかにしようとしている。

・研究者は、猿人がどのような道具をつくったのか知ろうとしている。しかし、初期段階では製作の頻度がきわめて低いために、いままでの考古遺跡では発見されていないのだろう。

（訳注8）本書の著者バーナード・ウッドは、ホモ・ハビリスを猿人と見なす研究者の代表である。ホモ・ハビリスを猿人と原人の移行形と見なす、あるいは原人と見なす研究者もあって、結論は出ていない。日本の人類学者は、ホモ・ハビリスを移行形とするか、ホモ属という名称を重要視して原人に含めることが多い。

第7章
原人と旧人：古代の人類

　これまでの章で検討してきたヒト族人類は、現代人と比べると小柄だった（25〜55キログラム）。また、脳容積と四肢のプロポーションがわかっているのは、初期猿人や猿人ではほんのわずかである。いずれも、脳容積はおおざっぱに推測されているだけで、原人以降のホモ属（ヒト属）人類よりもはるかに少ない。四肢プロポーションも、現代人と比べると脚が短い(9)。これは、初期猿人や猿人は、二足歩行の効率が低く、食物を得たり寝たりする場所として木を利用していたことを示している。初期猿人と猿人の大きな臼歯と頑丈な下顎骨は、そしてとくに頑丈型猿人の巨大な臼歯は、彼らがもっぱらあるいはしばしば硬くなかなか嚙みつぶせない食物を食べていたことを示している。つまり、初期猿人と猿人は、現代人とはまったく別の進化段階の人類といえる。では、人類進化の過程で、現代人と似たような人類は、いつ、どこで現れたのだろうか。

ホモ・エルガスター

ケニア北部のクービ・フォラとウエスト・トゥルカナで発見される200万年前より少し新しい化石には、初期猿人や猿人とは違って現代人に近い人類の証拠が見られる（図15、16）。これらの化石にはホモ・エルガスター（『働くヒト』）という名称がつけられたが、広義のホモ・エレクトスの一部であって、アフリカの初期ホモ・エレクトスとよぶべきと考える研究者もいる。

ホモ・エルガスターは、身体の大きさと形が初期猿人や猿人あるいはホモ・ハビリスより現代人に似ている最初の人類種である。ホモ・エルガスターの歯と顎は、身体の大きさの割に初期猿人や猿人などよりも小さい。つまり、それ以前の人類とは違った軟らかい食物を食べていたか、あるいは、食べる前に食物を処理していたと考えられる。食物の前処理とは調理ということであり、多くの研究者がホモ・エルガスターは最初に日常的に調理をした人類だろうと考えている。調理をすれば、食物は軟らかくなるし、栄養はあるが毒を含む食物を無毒化することもできる。

石器のそばに焼けた土が残っている最古の証拠は、200万年前から100万年前の間である。これらは人為的な火の使用の証拠だと解釈したくなるが、雷が木に落ちて火が燃えた後に残った燃えかすと、管理された炉の中の燃えかすを区別するのは難しい。人間がつくった炉の中では、自然の火災より高温で火が燃えるといわれるが、必ずしも理屈どおりではない。人類が火を管理できたという最古の考古学的証拠は、イスラエルのゲシェル・ベノート・ヤーコブ遺跡で、年代は約80万年前にさかのぼる。石でつくった炉跡の証拠は約30万年前以降である。

ホモ・エルガスターの長い脚は、現代人と同じように、二本足で長い距離を効率よく歩くことができる。現代人の中には木の実や蜂蜜を採るために器用に木に登る人々もいるが、木から木へ長い距離を移動する人はいない。つまり、エルガスターの長い脚は地面を移動するために進化し、腕は類人猿のような樹上の移動能力を失ったのである。しかし、脳容積はホモ・ルドルフェンシスと変わらなかった。なぜ脳の拡大が人類進化のもっと後になってからしか起らなかったのかは、いまだに古人類学者を悩ませる問題だ。たぶん、妊娠後期における過剰な危険性を避けることと関係するのだろう。ホモ・エルガスターの骨盤の産道の形とサイズ、そして大人の脳容積から推定された新生児の脳容積とをあわせて考えると、新生児の頭は十分に小さいので、産道を横向きのままで通り抜けることができ、現代人のように途中で産道の形に合わせて縦向きにして通り抜ける必要はないことがわかった。つまり、ホモ・エルガスターには現代人のように困難な出産はなかった。

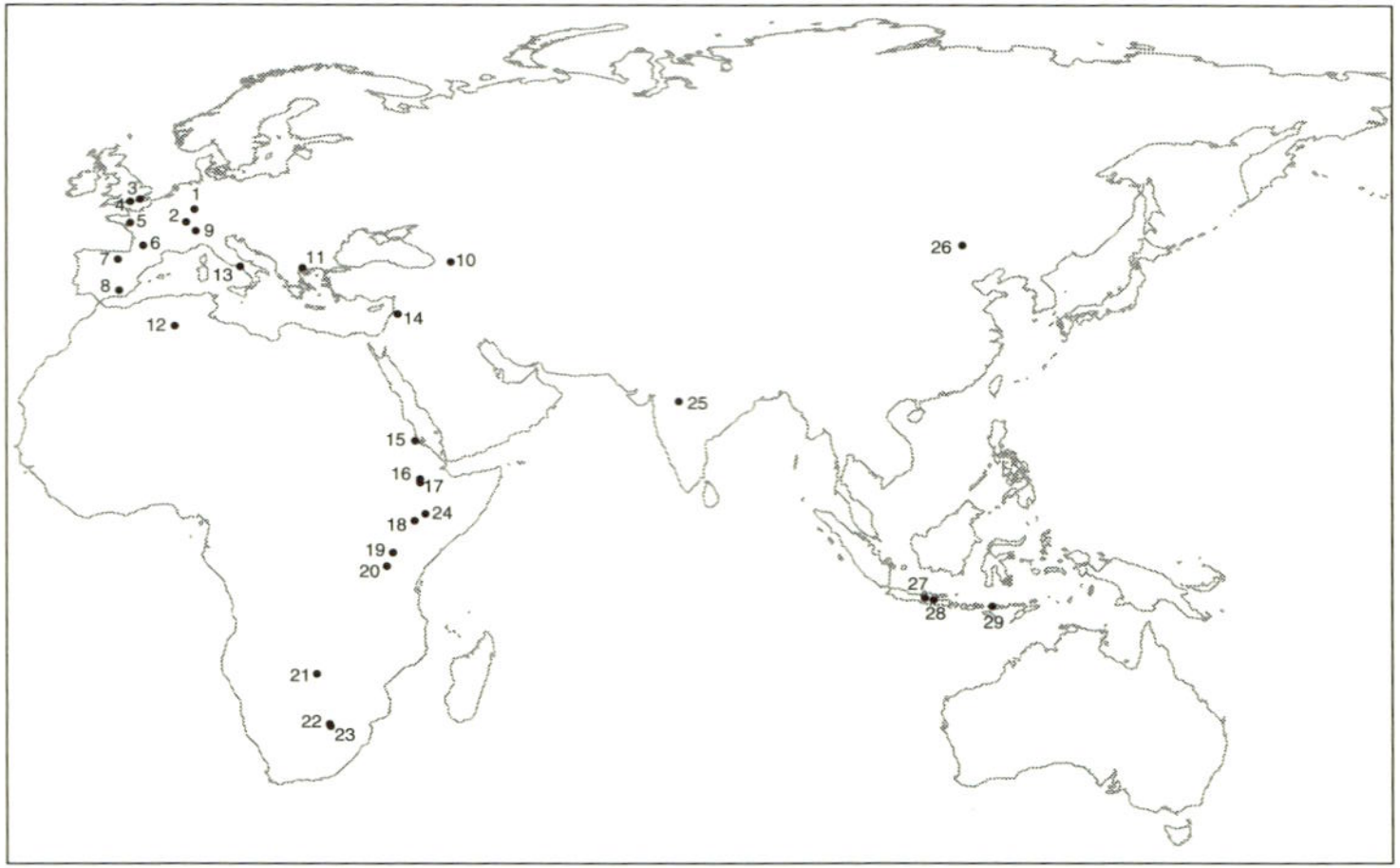

1 ネアンデルタール（旧人）
2 マウエル（旧人）
3 スワンズクーム（旧人）
4 ボックスグローブ（旧人）
5 サン・セゼール（旧人）
6 ル・ムスティエ（旧人）
7 アタプエルカ（旧人）
8 サファラヤ（旧人）
9 シュタインハイム（旧人）
10 ドマニシ（原人）
11 ペトラロナ（旧人）
12 ティゲニフ（原人）
13 チェプラノ（旧人）
14 ゲシェル・ベノート・ヤーコブ（原人）
15 ブイア（原人）
16 ブーリ（原人）
17 ゴナ（原人）
18 ナリオコトメ（原人）
19 ペニンジ（原人）
20 オルドヴァイ渓谷（原人）
21 カブウェ（旧人）
22 スワルトクランス（原人）
23 ステルクフォンテイン（原人）
24 クービ・フォラ（原人）
25 ハスノラ（ナルマダ、旧人）
26 周口店（原人）
27 トリニール（原人）
28 ガンドン（原人）
29 リアン・ブア（原人）

図15 原人と旧人の化石が出土した遺跡.

0
1
2
3
4
5
6
7
8
100万年前
ホモ・サピエンス
ホモ・ネアンデルタレンシス
ホモ・ハイデルベルゲンシス
ホモ・アンテセッソル
ホモ・エレクトス
ホモ・フロレシエンシス
ホモ・エルガスター
ホモ・ハビリス
アウストラロピテクス・バールエルガザリ
ケニアントロプス・プラティオプス
ホモ・ルドルフェンシス
アウストラロピテクス・ガルヒ
アウストラロピテクス・アナメンシス
アウストラロピテクス・アファレンシス
パラントロプス・ロブストス
パラントロプス・ボイセイ
パラントロプス・エチオピクス
アルディピテクス・ラミダス
アルディピテクス・カダッバ
オロリン・トゥゲネンシス
サヘラントロプス・チャデンシス
新人（「われわれ自身の人類」）
原人と旧人（「古代の人類」）
猿人とホモ・ハビリス（「ほぼ確実に人類」）
初期猿人（「かもしれない人類」）

図16 ヒト族人類の生存年代（原人と旧人に注目）.

出アフリカ──誰が、いつ？

約200万年前より古い人類化石や考古学的記録はアフリカ以外では発見されていない。しかし、「証拠のないのは、存在しない証拠ではない」から、この年代以前の人類化石証拠を探すのをやめるという罠に落ちてはならない。

いまのところ、アフリカ以外で最も古い人類の化石証拠はコーカサスのドマニシ遺跡で見つかっている。人類化石の含まれている地層の絶対年代は不明だが、直下の溶岩層の年代は放射性元素法で180～170万年前と推定され、人類化石と一緒に発見された動物化石の相対年代もそれと矛盾しない。人類化石は研究中だが、かなり原始的なホモ・エルガスターと似た人類らしい。ただし、奇妙なことに、ドマニシの人類化石と一緒に見つかる石器は、オルドヴァイ型（最初に見つかったオルドヴァイ渓谷に由来）とよばれるアフリカの最初期の石器と似ている。年代が明らかで次に古いのは、150万年前のイスラエルのウベイディア遺跡だが、数本の歯の化石しかない。

ホモ・エレクトス

100万年前より前の年代でも、新しいタイプの人類であるホモ・エレクトスの化石証拠が、アフリカ、中国、インドネシアで見つかっている。ある研究者は、ホモ・エレクトスが

170万年前に、あるいはひょっとすると190万年前にインドネシアに到達したと主張している。もしそうなら、それ以前にアジア大陸に拡散していたことになる。いまのところ、中国における信頼性の高い最古の石器の年代は150万年前である。

もし道を歩いていて猿人よりははるかに現代人と似ている。ホモ・エレクトスの発見される有名な遺跡は、インドネシアのソロ河付近と（北京原人が見つかった）中国の周口店洞窟である。第3章で述べたように、ウジェーヌ・デュボワはジャワで最初のホモ・エレクトス化石を発見した。北部ジャワのケドゥン・ブルブスで下顎骨の破片を発見したことで勇気づけられたデュボワは、ソロ河によって200万年前からの地層が削り取られている地域へ注意を向け、発掘部隊を組織し、トリニール村の近くのソロ河で乾期に露出する河底の地層を掘り続けた。部隊は、1891〜92年に、大臼歯、大腿骨、そして頭蓋冠（頭の上部）の化石を発見した。デュボワは、はじめはこの頭蓋冠を絶滅した巨大なテナガザルと見なしていたが、1894年に出版した報告書ではピテカントロプス（『サルのようなヒト』）という属名を与えた。現在では、ピテカントロプスはホモ属に含められている。ちなみに、1894年には、人類の種は、ホモ・サピエンスとホモ・ネアンデルタレンシスの2種しか知られていなかった。トリニールの頭蓋冠は、現代人のように丸くはなく、低く平らで、脳容積は現代人の60%ほどと推定された。しかし、大腿骨は現代人と同じようなので、デュボワはこの化石をピテカントロプス・エレクトス（『直立したサルのようなヒト』）と名づけたのだ。ただし、大腿骨が頭蓋冠と同じくらい古いかどうか、疑問に思う研究者もいる。つまり、もっと新しい大腿骨が古い頭蓋冠と一緒に川底に再堆積したのかもしれない。議論はいまだに続いている。その後、トリニールでは１９００年までいくつかの化石が発掘された。

やがて、ジャワにおける化石人骨の調査は、トリニールより上流にあるサンギラン村のドーム地区に移った。ここは、泥火山の影響で地層がドーム状に盛り上がり、ソロ河の支流が谷を削っている。ドイツの古人類学者ラルフ・フォン・ケーニヒスワルトは、ここで１９３６年に人類進化の証拠を求めて調査を開始した。彼はトリニールの頭蓋冠とよく似ているが少し小さな頭骨化石を発見した。さらに化石が発見されたが、第二次世界大戦と日本軍の占領によって調査ができなくなった。彼は化石頭骨を庭に埋めて日本軍から隠した。第二次世界大戦終了後、サンギラン・ドームの調査が再開され、下顎骨、頭骨、四肢骨などが発見された。

ジャワでの調査は１９２０年代に停滞していたが、中国では１９２０年代はじめに初期人類の調査がはじめられた。スウェーデン人の古生物学者グンナー・アンデルッソンとオーストリア人の若い研究者オットー・ズダンスキーは、１９２１年と１９２３年に北京近くの周口店で発掘をした。彼らは石英を材料とする石器を見つけたが、人類化石は見つからなかった。しかし、1926年ズダンスキーは、発掘した資料をスウェーデンのウプサラ大学に送るために整理していて、周口店第一地点から出土した「サルの歯」というラベルのあった資料が、実は人類の歯であることに気がついた。これらは上顎大臼歯と下顎小臼歯で、カナダ人解剖学者ダヴィットソン・ブラックによって記載研究がなされた。1927年に発見された下顎大臼歯ともあわせて、ブラックはシナントロプス・ペキネンシス（『北京の中国人』）という新属新種を提唱した。

同じ年、ブラック、翁文灝《ウエンワンホー》、アンダース・ボーリンは、周口店の発掘調査を再開した。最初の頭蓋は1929年に発見され、調査は第二次世界大戦によって中止されるまで続いた。第一地点から発掘された人類化石は大戦の最中にすべて失われてしまった。人類化石はアメリカ合衆国に送られるはずだったが、到着しなかった。どこに行ったかは、いまでもミステリーだ。化石はアメリカ海軍の小隊によって安全な場所に向けて運び出された。しかし、化石は港に着く前に、あるいは海の上で失われてしまった。いまでも、親戚の誰かが遺したトランクの中に北京原人の化石が入っていたと主張するイカサマ事件が起こることがある。幸運なことに、ニューヨークのアメリカ自然史博物館に、周口店で発見された人類化石の精巧な模型が保存されていた。さらに、同博物館のドイツ人古人類学者フランツ・ワイデンライヒが、質も量も最高に素晴らしい人類化石の記載報告書を作成していた。中国のシナントロプス化石は、独特な点もあるが、多くの点でジャワのピテカントロプス化石と似ていた。そこで、1940年に、ワイデンライヒは両方の化石を単一のホモ・エレクトスという種にまとめることを提案した。第二次世界大戦以後、両方の化石に似た人類化石が多くの地域で発見され、ホモ・エレクトスに属すると考えられている。たとえば、ジャワのサンブンマチャンやンガウィ、中国の藍田、南アフリカのスワルトクランス、エチオピアのメルカ・クントールやミドル・アワッシュ、タンザニアのオルドヴァイ、エリトリアのブイアなどである。

ホモ・エレクトスの頭骨化石は、ジャワ、中国、そのほかの地域でたくさん見つかっているにもかかわらず、四肢骨の化石はほとんど見つかっていなかった。この状況は東アフリカで見事な化石が発見されて一変した。まず、タンザニアのオルドヴァイ渓谷で発見された骨盤と大腿骨（OH 28）、ケニアのクービ・フォラで発見された2体の部分的な骨格化石（KNM-ER 803, 1800）、そしてケニアのウエスト・トルカナで発見された信じられないほど保存のよい骨格化石（KNM-WT 15000）である。

もし、ジャワのモジョケルトで発見された小児頭骨の190万年前という年代とガンドンで発見された10個以上の頭骨の5万年前という年代が確かだとするなら、東アフリカのホモ・エルガスターが広義のホモ・エレクトスから外されたとしても、ホモ・エレクトスの生存期間はきわめて長いことになる。

ホモ・エレクトスの脳頭蓋は、高さが低いだけでなく、脳頭蓋の最も幅が広い部分も低い。眉の部分には、眼窩上隆起という盛り上がりがあり、左右が続いている。その上後方には、眼窩上隆起と額との間に溝がある。頭の正中部分には、額から頭頂部にかけて矢状隆起という緩やかな隆起がある。頭の後方では、後頭骨が強く屈曲し、頸の筋肉のつく部分が広い。脳頭蓋の骨は、緻密質の外板と内板そして間にある海綿質の板間層の3層構造をしているが、ホモ・エレクトスでは外板と内板が厚く頑丈である。脳容積は、OH 12の730ミリリットルからガンドン6の1250ミリリットルまで変異幅がある。もしドマニシのD2700を含めるなら、600ミリリットルからになる。

ホモ・エレクトスの四肢骨は、現代人と同じ長さとプロポーションだが、頑丈であり、大腿骨の骨幹は前後方向に扁平である。骨盤は幅広く、寛骨臼（股関節の部分）が大きく、寛骨臼と腸骨稜（骨盤の上部で外側に出っ張っている部分）とを結びつける構造が厚く頑丈である。このような骨盤の特徴は、常習的な直立姿勢と長距離の二足歩行に関連している。ホモ・エレクトスの手の器用さに関する化石証拠はないが、見事な石器（ハンドアックス）をつくっていたので推測がつくだろう。

アフリカでは、後期のホモ・エレクトスが旧人のホモ・ハイデルベルゲンシスに進化した。中国とインドネシア（とりわけガンドン）は、ホモ・エレクトスが最後まで生き残っていた辺境の基地だったらしい。インドネシアでは、後期のホモ・エレクトスは特殊化を遂げたようだ。その後、特殊化したインドネシアのホモ・エレクトスはホモ・サピエンスへとは進化せず、絶滅した可能性がきわめて高い[10]。

ホモ・ハイデルベルゲンシス

アフリカでは、エチオピアのボドやザンビアのカブウェなどで、ホモ・エレクトスとは違った特徴を持つ60万年前の旧人の化石が見つかり、ホモ・ハイデルベルゲンシス（『ハイデルベルクのヒト』）とよばれている。眼窩上隆起は発達しているが、脳頭蓋は少し丸みを帯び、脳容積は平均1200ミリリットルもあって、エルガスターの平均800ミリリットルやエレクトスの平均1000ミリリットルより多い。下顎骨や歯も退縮している。四肢骨は、エレクトスのように骨幹が扁平ではないが、太く頑丈であり、とくに関節は現代人より大きい。ハイデルベルゲンシスという名称はアフリカの化石にしては不思議だが、最初にドイツのハイデルベルクで下顎骨化石が発見されたためである。

ホモ・ネアンデルタレンシス

旧人の化石で最も有名なのは、ネアンデルタール人という通称名で知られるホモ・ネアンデルタレンシス（『ネアンデル谷のヒト』）だろう（図17）。ネアンデルタール人は、頭骨、歯、四肢骨に独自の特徴を持つ。生息域はヨーロッパとその付近に限局されていた。後期のネアンデルタール人は、ツンドラ地域に匹敵する寒冷気候の中で生き延び、特有の形態を発達させていた。

ネアンデルタール人の特徴を示す最も古い化石証拠は、スペインのアタプエルカにあるシマ・デ・ロス・ウエソスという遺跡から見つかっている。スペインの調査隊は、はじめはエメイリアーノ・アグイッレに、いまではフアン・ルイス・アルスアガに率いられて、人類化石の宝庫を発掘している。これらの化石の年代は30～40万年前で、鉄道敷設のために丘に切り通しを掘ったときに、洞窟が開口して発見された。

この人類種はホモ・ネアンデルタレンシスと名づけられた。なぜなら、１８５６年に、ドイツのネンアデル谷（タール、昔の綴りではThal、現在の綴りではTal）にあるフェルトホーファー洞窟で、ネアンデルタール１号という部分骨格化石が発見され、模式標本になっていたからである。もっとも、これは最初のネアンデルタール人化石ではなく、１８２９年にベルギーのエンギス遺跡で子供の頭骨化石が、また１８４８年にジブラルタルのフォーブス採石場で成人頭骨が発見されていて、後になってネアンデルタール人の特徴があることがわかった。フェルトホーファー洞窟からは、石器や動物化石は発見されていないし、これからも発見されると

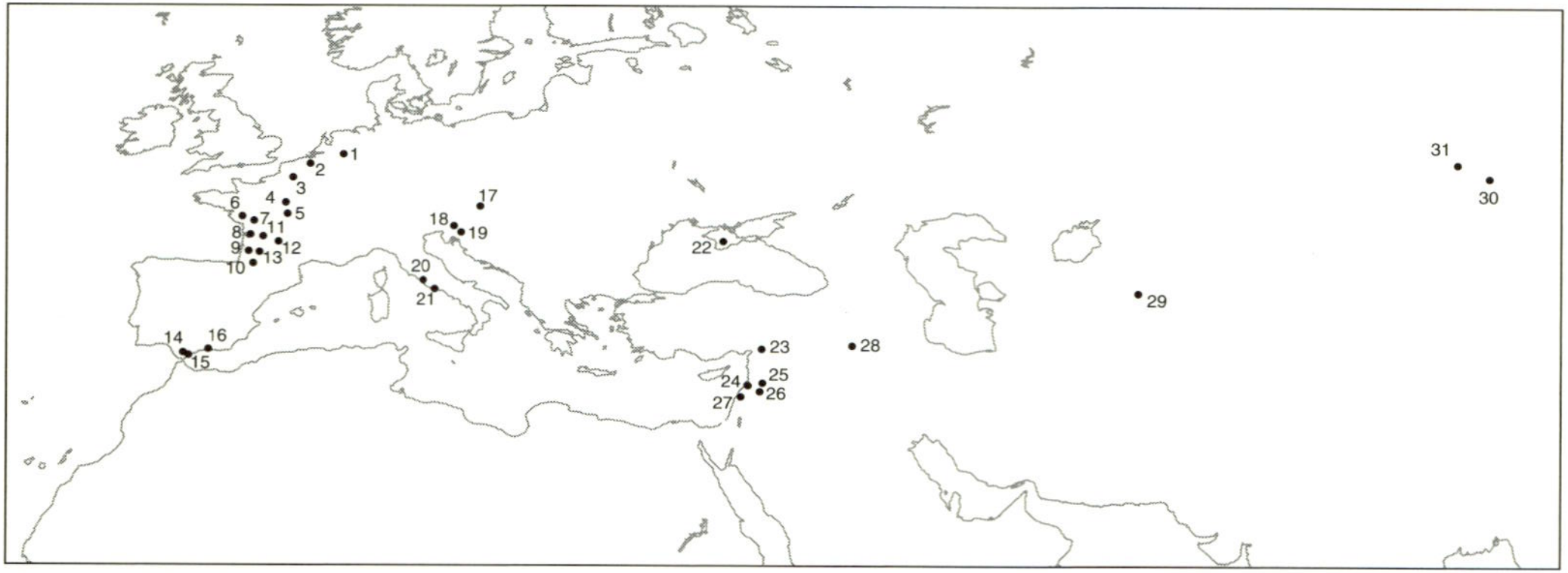

1 ネアンデルタール
2 スピー
3 ビアシェ・サン・ヴァースト
4 アルキ・シュル・キュール
5 シャテルペロン
6 サン・セゼール
7 ラ・キーナ
8 ル・ムスティエ
9 ラ・フェラシー
10 コム・グルナル
11 ラ・シャ・ペルー・オー・サン
12 ラ・ボルドゥ
13 レグルドゥー
14 ゴーハムズ洞窟
15 フォーブス採石場
16 サファラヤ
17 タタ
18 クラピナ
19 ヴィンディヤ
20 サッコパストーレ
21 モンテ・チルチェオ
22 キーク・コバク
23 デデリエ
24 タブーン
25 アムッド
26 ズッティエ
27 ケバラ
28 シャニダール
29 テシク・タシュ
30 デニソワ
31 オコラドニコフ

図17 ネアンデルタール人化石の出土した遺跡.

は思われなかった。しかし、ラルフ・シュミッツとユルゲン・ティッセンは、考古記録を精査し現場を詳しく調査した結果、当時とはまったく変わってしまったネアンデル谷を復元し、洞窟の位置を突き止め、1856年の石灰岩採掘の際に洞窟から捨てられた堆積物を発見した。1997年にその堆積物を含む地層の発掘を行い、動物化石、石器、そしていくつかの人骨を発見した。その中に小さな人骨片（NN 13）があり、ネアンデルタール1号の左大腿骨の下端外側の欠損部分に、ぴったりと当てはまった。2000年には、さらに石器、動物化石、人骨化石が見つかり、とくに左頬骨（NN 34）と右側頭骨片（NN 35）はネアンデルタール1号頭骨に接合することができた。そして、この模式標本化石が見つかった地層の年代は、約4万年前と推測された。

ネアンデルタール人の模式標本発見以後、1880年にモラヴィアのシプカ、1886年にベルギーのスピー、1899〜1906年にクロアチアのクラピナ、1908〜25年にドイツのエーリングスドルフ、1908年にフランスのル・ムスティエ、1911年にイギリスのチャンネル諸島のセント・ブレラドでネアンデルタール人の化石が見つかった。1924年には、ヨーロッパ以外ではじめて、クリミアのキーク・コバで発見された。さらに1929年にはイスラエルのカルメール山のタブーンで、そして1938年にはウクライナのテシク・タシュで見つかった。イタリアでは、1928年にサッコパストーレ、1939年にグアッタリとチルチェオでネアンデルタール人の化石が発見された。第二次世界大戦後も、イラクでは1953年にシャニダール、イスラエルでは1960年にアムッド[11]と1964年にケバラ、シリアでは1993年にデデリエ[12]で発見された。さらに、ヨーロッパでも最近では、フランスで1979年にサン・セゼール、スペインで1983年にサファラヤ、ギリシャで1999年にラコニスで見つかっている。

10〜3万年前の後期ネアンデルタール人は、ネアンデルタール人の典型的な特徴を備えていた。鼻の孔（梨状口）が大きく、鼻腔は広く、顔は中央部が前に突出して頬骨が後退して外側を向いた流線形であり、脳頭蓋は長く頭頂部と後頭部に丸みがあり、四肢骨は太く、関節部が大きかった。居住域はヨーロッパと西アジアだった。ネアンデルタール人は寒冷な地域に住んでいたと考えられ、彼らの居住域は、100万年前から10万年ごとに訪れるようになった寒い時期には拡がり、その間の暖かい時期には狭くなっていた。なお、スカンジナヴィア半島でネアンデルタール人化石が発見されないのは、あまりも寒すぎたためだろう。

ネアンデルタール人と現代人との関係については二つの対立する見方がある。一つは、ネアンデルタール人は現代人とは形態的な違いが大きいのでホモ・サピエンスには含められないというものであり、あまりに特殊化しているので現代人の遺伝子プールに大きな貢献はしなかったというものである。もう一つは、ネアンデルタール人と現代人の形態的な違いは小さいので、彼らをホモ・サピエンスに含めようというものだ。

ネアンデルタール人のミトコンドリアDNA

幸いなことに、ネアンデルタール人の分類に関して、別の一連の証拠が得られてきた。ネアンデルタール人のミトコンドリアDNAを調べることができるようになったのだ。ライプチッヒ大学マックス・プランク研究所で、スヴァンテ・ペーボが率いる研究室のマシアス・クリングスたちは、あらゆる化石人骨の中ではじめて、ネアンデルタール人の模式標本の上腕骨化石からミトコンドリアDNAの断片を抽出することに成功した。この化石ミトコンドリアDNAの塩基配列は、現代人の塩基配列の変異幅から明らかに外れていた。続いて、同じ遺跡で最近に発見された別の個体と、ロシアのメッツマイスカヤの小児人骨、クロアチアのヴィンディヤの2個体、ベルギーのエンギスの子供、そして最も古く発見されたネアンデルタール人の一つであるフランスのラ・シャ・ペルー・オー・サンの化石からミトコンドリアDNAが抽出された。これらのミトコンドリアDNAの塩基配列の変異幅は、現代アフリカ人から同じ数だけ無作為に採取されたそれと同じだった。つまり、ネアンデルタール人たちは、現代アフリカ人集団と同じように、遺伝子プールを共有する集団であることが確かめられたことになる。しかし、ネアンデルタール人のミトコンドリアDNAの塩基配列の変異とアフリカ人のそれは、重複せずまったく違っていた。解析されたミトコンドリアDNAの断片は短いので、ミトコンドリアDNAのほかの場所でも同じような結果が得られるなら、ネアンデルタール人が現代人とは別の種だという判断がより強くなるだろう(13)。

長い間、ネアンデルタール人が現代人に進化したという保守的な見解があった。それは、イスラエルのいくつかの遺跡で発見された化石の年代が根拠の一つだった。タブーンとアムッドで発見されたネアンデルタール化石の年代が、カフゼーで発見されたサピエンス化石より古かったからである。しかし、最近、年代が再検討され、カフゼーのサピエンス化石の方がタブーンやアムッドのネアンデルタール化石より古いことがわかったのだ。

ネアンデルタール人は、おそらく遺体を埋葬した最初の人類だった。それこそ、ネアンデルタール人の化石がそれ以前の人類の化石よりたくさん残っている原因だろう。いくつかの遺跡で埋葬儀式の証拠が見つかっている。また、芸術に関心があったと考える研究者もいる。

ネアンデルタール人は、かつて、病理学的な判断などにおいて誤った解釈がなされたことがあった。たとえば、DNA解析が行われたラ・シャ・ペル・オー・サンの骨格は、関節炎がひどかったが、たまたま、有名なネアンデルタール人の復元像の資料に使われた。その結果、すべてのネアンデルタール人は背中が曲がって肩が丸まっていると誤解されてしまった。あるいは、ネアンデルタール人は、クレチン症ともいわれる先天性甲状腺機能低下症の現代人だと批判されたこともある。現代のクレチン症はヨーロッパから西アジアに多くみられ、ネアンデルタール人の分布と似ているからだ。しかし、これは偶然の一致にすぎない。クレチン症では骨に特有の成長異常が見つかるが、ネアンデルタール人の骨にはそのような異常は見られない。

注目すべき点

・もしホモ・エルガスターがアフリカを出た最初の人類なら、アフリカからユーラシアへ、そして最後は世界中へ何回も拡がった形態学的・行動学的大波（人類集団および文化的影響）の最初の一つにすぎないだろう。研究者は、現代人の遺伝子はこのような何回かの大波の証拠をとどめていると主張している。そして、分子生物学者が世界中の現代人の遺伝的変異をさらに集めると、その証拠が明らかになるだろう。

・研究者は、アフリカから最初に移住した人類の証拠が得られるドマニシ遺跡のような遺跡をもっと発見したいと願っている。一部の研究者は、肉食による行動範囲の拡大が移住のために重要だったと推測し、組織的な狩猟を行ったという人骨や石器の証拠を見つけようとしている。

・ホモ・ハイデルベルゲンシスのような旧人の誕生と運命に関しては、ほとんど何もわかっていない。最初の化石証拠はアフリカだが、50〜30万年前で年代のはっきりしている化石は非常に少ない。したがって、ホモ・ハイデルベルゲンシスが後のネアンデルタール人やホモ・サピエンスとどのような関係があるのか解明できていない。

・研究者は、脳の絶対的・相対的な大きさと行動との関係については情けないくらい無知である。肉のような良質な食物を恒常的に得られるようになる前に、われわれは認知的・行動的な問題点をいかに克服したのだろうか。

(訳注9)著者を含めたヨーロッパ人の研究者は、自分たちの脚が長いので、猿人の脚が短いことを強調するが、猿人の脚と胴体のプロポーションは現代人の変異幅の端にあたり、日本人から見るとそれほど違和感はない。ただし、猿人の腕は長く太く、チンパンジーと現代人の中間的な状態で、非常に強力だったと思われる。

(訳注10)実は、これは訳者の馬場悠男や海部陽介らの業績(*Science*, **299**,1384(2003))に基づいている。

(訳注11)東京大学の鈴木尚を中心とする調査団が発見。

(訳注12)東京大学の赤沢威を中心とする調査団が発見。

(訳注13)その後、やはりペーボたちによって、ネアンデルタール人の核DNAの解析が進み、ゲノム(ある個人が持つすべての遺伝情報のセット、具体的には全塩基配列)が明らかになり、現在のヨーロッパ人とアジア人はネアンデルタール人と1~4%の遺伝子を交換していることがわかった。ただし、ホモ・サピエンスとネアンデルタール人が同じ種であるというわけではない。

第8章

新人：われわれ自身の人類

【訳者補足】　この章では、新人、ホモ・サピエンス、現代人という名称が使われるが、それぞれの背景は違っても事実上は同じ内容を示している。新人は、日本で使われている猿人・原人・旧人・新人という段階的な区分の一つであり、ホモ・サピエンスは新人に該当する実際の人類の種名である。現代人は歴史的な意味の現代人ではなく、形態的に（解剖学的に）現代人と同様な人々という意味である。現生人類というのも同じ意味で使われる。なお、化石人類は化石となって発見される人類種という意味なので、本来はホモ・サピエンスを含まないが、古いホモ・サピエンスを含むこともある。

旧来の考え

20世紀末近くまで、現代人の起源に関する一般的な認識としては、原人あるいは旧人が旧大陸のあちこちで別々に新人に進化したというもので、そのような考えは「多地域進化仮説」とよばれていた（図18）。たとえば、ヨーロッパではネアンデルタール人が現代ヨーロッパ人に、アジアでは北京原人が現代東アジア人に進化したという。その極端な例の「強化型多地域進化仮説」によると、地理的変異集団である「人種」は、それぞれの地域で長い間、別々の進化史をたどってきたと主張されていた。なお、今日では、「人種」という概念は生物学的根拠を失ったと考えられている。

穏やかな多地域進化仮説すなわち「弱化型多地域進化仮説」は、北京原人化石の研究で著名なフランツ・ワイデンライヒなどの研究者によって支持された。この仮説は、地域ごとに違う原人や旧人が新人へ進化していく過程で、移住や交雑による遺伝子の流入が起こり、地域差が少なくなったという仮説と一体となっている。それにもかかわらず、弱化型多地域進化仮説の支持者は、遺伝子流入があっても現代人の地域集団は識別可能な特徴を保っていると主張する。それは、世界のおもな地域ごとに、原人や旧人から新人へと継続した形態学的特徴があるからだ。たとえば、ジャワ原人と現代オーストラリア先住民は、眉の部分の眼窩上隆起が発達し、歯が大きいなどの特徴が似ているし、ネアンデルタール人と現代ヨーロッパ人は、顔の中央付近が前に突出し頬骨が後退しているなどの特徴が似ている、としている。

このシナリオでは、新人の進化過程において、たとえばネアンデルタール人と初期現代ヨー

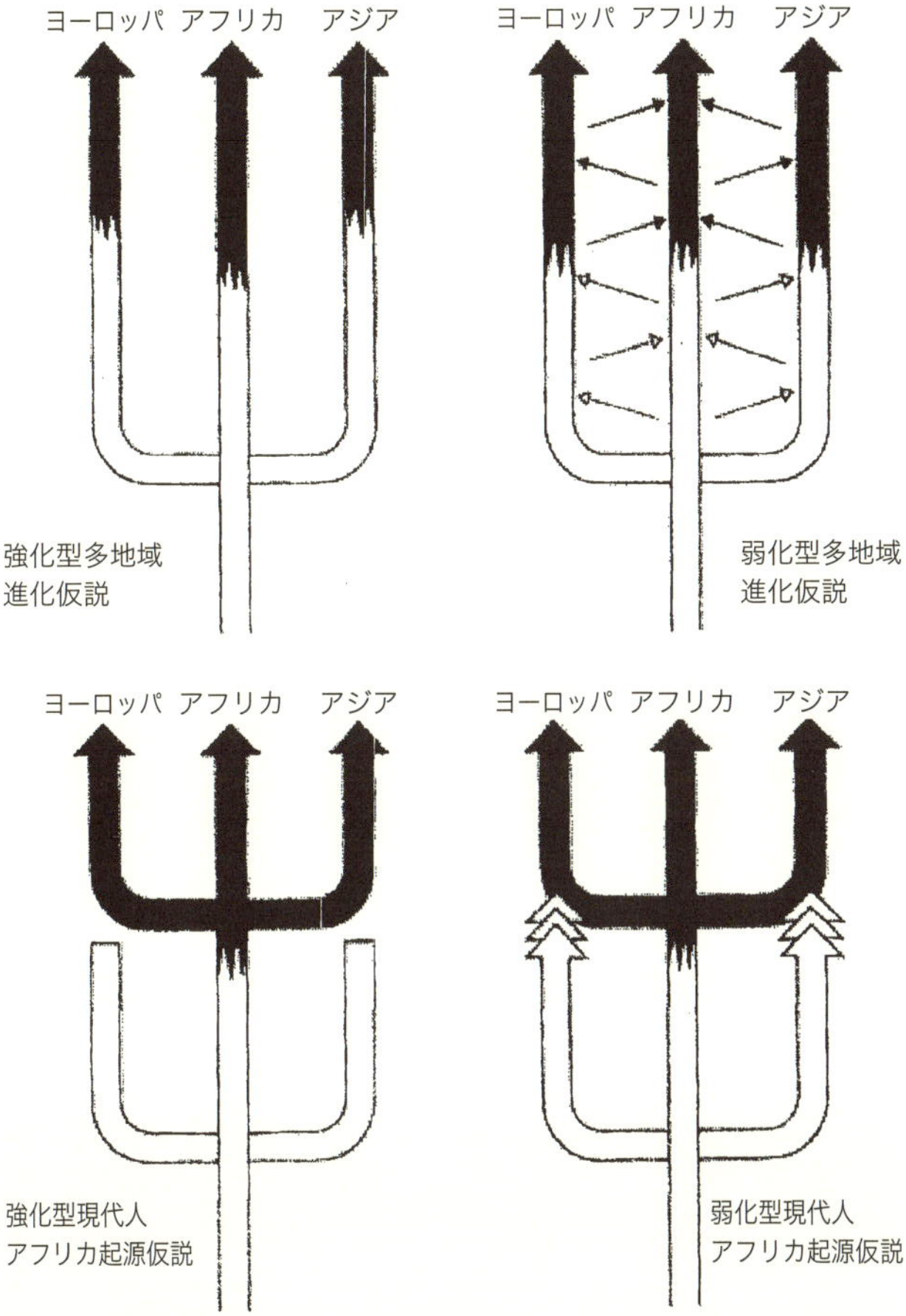

図18　強化型と弱化型の「多地域進化仮説」と「現代人アフリカ起源仮説」.

ロッパ人との間や北京原人と初期現代東アジア人との間に境界線を引くことができない。つまり、弱化型多地域進化仮説は、このような漸進的な進化と、その間に流入した遺伝子による混合効果によって、ホモ・エレクトスとそれ以降に現れた地理的変異集団が連続する集団になっていたと主張するのだ。しかし、もしそうなら、ホモ・エレクトス以降の人類種の名称は、ホモ・ハイデルベルゲンシスもホモ・ネアンデルタレンシスもすべて、最初に命名されたホモ・サピエンスに変えなくてはならない。

古人類学におけるヨーロッパ中心主義

最初に発見された新人の化石人骨は、おそらく、1822～23年にイギリスのウエールズで、スワンシーの西にあるゴウワー半島のパヴィランド洞窟から発掘された「赤淑女」とよばれた（レッドオーカーで赤く染まっていたので）骨格だろう。しかし、ヨーロッパの最初の新人化石としていつも紹介されるのは、フランスのドルドーニュ地方にあるレゼジー村のクロマニョン岩陰の人骨だ[14]。クロマニョン岩陰からは洗練された石の錐《きり》や骨製の縫い針と釣り針などの考古遺物が発見されたので、ヨーロッパの研究者の多くはヨーロッパこそ近代文明のゆりかごであるだけでなく、われわれ自身が属するホモ属の人類の、さらに新人であるホモ・サピエンスの誕生の地であると考えた。

ヨーロッパ中心主義への挑戦

ヨーロッパが現代人の誕生の地であるという思い込みは、二つの流れの研究成果から挑戦を受けることになった。一つは、19世紀の後半にはじまり20世紀の前半に盛んになった認識で、ネアンデルタール人より原始的な祖先の化石証拠がアジアで見つかったことである。もちろん、すぐに、初期の人類進化はアフリカで起こったということも明らかになった。

二つ目の成果は、イギリスのケンブリッジ大学で得られた。それは、当時はパレスチナだったイスラエルのカルメール山の洞窟で、ケンブリッジ大学の優秀な考古学者ドロシー・ギャロットによって1930年にはじまった発掘調査で見つかった化石人骨で、現代人とよく似ていた。人骨化石と一緒に発見された石器は、アフリカの中石器時代に属する原始的な石器だった。しかし、同じような石器は、ルイスとメアリーのリーキー夫妻がケニアで、またゲートルード・ケイトン・トンプソンがエジプトで発見している。なお、これらの研究者もケンブリッジ大学考古学研究室の関係者である。その結果、広い視野を持つ考古学者は、人類進化の初期および末期の重要な出来事は二つともヨーロッパ以外の地域で展開されたという考えを受け入れはじめた。1946年に、ドロシー・ギャロットはケンブリッジ大学の考古学部に「世界先史学（world prehistory）」のコースをつくった。彼女の後継者であるグラハム・クラークは、その血を受け継ぎ、大学院生たちにアフリカで発掘するよう強力に促した。そのような先史学の発展に伴い、1950年代から1960年代にかけて、多くの人類進化研究者が現代人の進化史における重要な出来事はヨーロッパ以外の場所で起こったという考えを受け入れはじめた。

化石発見、年代の見直し、分子証拠

1980年代に、一部の研究者は、三つの証拠を組み合わせることにより、アフリカの重要性に気がついた。これまで進化の脇道であり文化的にも遅れていたと見なされていたアフリカが、実は現代人とその文化の発祥の地であるかもしれないというのだ。

最初は、レバント（レバノン、イスラエル、シリアなどの地中海東岸地域）から出土した人類化石の年代が見直されたことである。かつては、スクールやカフゼーの現代人的な化石が約4万年前と推定され、同じ地域のケバラやアムッドのネアンデルタール人化石が約6万年前と考えられていたので、レバント地域でネアンデルタール人が現代人に進化した証拠と見なされていた。しかし、その後、スクールとカフゼーの年代が再測定され、約10万年前と古いことが明らかになった。つまり、スクールやカフゼーの化石は、ネアンデルタール人の子孫ではなく、アフリカからやってきた初期の新人、ホモ・サピエンスだったのである。

二つ目は、南アフリカとエチオピアで現代人的な化石が見つかったことである。1968年には、南アフリカのクラシーズ河口遺跡で現代人的な頭骨破片が見つかり、年代は12万年前と判明した。エチオピア南部のオモ・キビッシュでも、現代人的な頭骨化石（脳頭蓋部分）が見つかった。この化石の年代は、当初は相対生物年代法で12万年前と推定されていたが、放射性年代測定の結果19万年前とされた。さらに、エチオピアのヘルトで発見された頭骨は16万年前と推定され、20〜15万年前にはアフリカで現代人のようなホモ・サピエンスが誕生していたことがわかった。

三つ目は、古人類学ではなく、分子生物学的方法で現代人の変異を研究した結果だった。最初の研究は、カリフォルニア大学の分子生物学者レベッカ・キャン、マーク・ストンキング、アラン・ウィルソンが、細胞核のDNAではなくミトコンドリアのDNAの変異を調べたことである。それは、ミトコンドリアDNAは、核DNAとは違って、突然変異の起こる率が高いので進化が速く進むからだ。また、核DNAのように生殖細胞が形成される過程で相同染色体が組換えを起こすことはないので、父方と母方のDNAが混ざり合わないからだ。さらに、遺伝子修復の機構が備わっていないので突然変異がそのまま残るからだ。彼らは、ヨーロッパ人・北アフリカ人・西アジア人46名、サハラ以南アフリカ人20名、アジア人26名、ニューギニア人26名、そしてオーストラリア先住民21名の合計147名からミトコンドリアDNAを採取し、比較分析した。１４７名の中に１３３種類のミトコンドリアＤＮＡのタイプを発見し、突然変異パターンの違いが少ないタイプを持つ個人同士を結びつける樹状図を作成した。その結果、驚くべきことに、ミトコンドリアＤＮＡの樹状図は地理的な分布と一致した。最も根元に近い何本かの枝はサハラ以南アフリカ人ばかりで、次に根元に近い何本かの枝はサハラ以南アフリカ人とそれ以外の人々だった。根本から離れた枝には、サハラ以南アフリカ人以外の人々が多かった。また、ミトコンドリアＤＮＡの変異は、サハラ以南アフリカ人の中で大きく、それ以外の人々の変異はすべてを集めてもそれより小さかった。しかも、大部分のミトコンドリアＤＮＡの変異はアフリカに起源があったと推測された。

ミトコンドリア・イヴ

この事実は、以下の可能性のどちらか、あるいは両方を示している。第一に、現代人つまりホモ・サピエンスは、世界のどこよりもアフリカに長く住んでいた。第二に、かつて、アフリカ人の人口は世界中のすべての人々の人口より多かった。これは、多くの人々がいれば、それだけ突然変異の起こりやすいという理屈とよく合う。

キャンらは、この論文でさらに三つの主張をしている。第一は、ミトコンドリアＤＮＡの違いは自然選択の影響を受けない、つまり突然変異は中立ということだ。なぜなら、ミトコンドリアDNAの違いの大部分は、ミトコンドリアの機能である細胞内のエネルギー生産機構を司る遺伝子に影響しないからである。すなわち、二つの集団に蓄えられたミトコンドリアDNAの突然変異による違いは、両集団が分離してからどれくらい長く独立に進化してきたかを単純に反映する。

第二は、サハラ以南アフリカ人とそれ以外の現代人とのミトコンドリアDNAの違いを蓄えるには20万年の期間が必要であり、それゆえに、新人つまりホモ・サピエンスはアフリカで20万年前に誕生したと予測できるということだ。

第三には、彼らがアフリカから移住していく過程で、旧大陸の各地で出会ったはずの原人や旧人とは交雑しなかったということである。彼らは、さらに、アフリカの原人や旧人のみが現代人の遺伝子プールに貢献したのであって、それ以外の地域の原人や旧人は現代人の遺伝子プールに何の貢献もしていないと主張した。つまり、キャンらは、20万年前以降のわれわれの祖先はすべてアフリカ系だという。

ミトコンドリアDNAは事実上すべてが母親から遺伝するので、ミトコンドリアDNAの進化史は母系遺伝の歴史をよく表している。したがって、マスコミも研究者もキャンらの考えを「ミトコンドリア・イヴ仮説」とよぶのは驚くにあたらない。それは、すべての現代人の母親は20万年前のアフリカ人女性だったということを意味している。私はこの仮説を「強化型現代人アフリカ起源仮説」とよびたい。しかし、以下に示すように、この仮説を支持する大部分の研究者は、もっと弱化型の現代人アフリカ起源説を想定している（図18参照）。

戦いがはじまる

そこで、戦線が開かれた。赤コーナーは弱化型多地域進化仮説、青コーナーは弱化型現代人アフリカ起源仮説だ。極端な強化型多地域進化仮説を支持したくない研究者は、地域間の遺伝子流入を伴う弱化型多地域進化仮説に傾斜していることを思い出してほしい。同様に、ほかの研究者が最新の分子生物学的方法と統計解析法でキャンらの仮説を検証すると、キャンらの結果を修正する必要のある事実が得られたので、キャンらの仮説はもはや弱化型現代人アフリカ起源仮説とよぶべきだろう。これらの仮説は、いずれも、現代人のミトコンドリアDNAの主要な起源がアフリカであることは疑わない。しかし、アフリカ以外の原人や旧人も現代人の遺伝子プールに貢献している証拠が見つかってきているのだ。

Y染色体と核DNA

ミトコンドリアDNAの地域ごとの変異に関する証拠を詳しく調べる研究者がいた一方で、ゲノムのほかの部分を標的とする研究者もあった。とくに注目したのは、男性しか持たないY

染色体に含まれるＤＮＡである。女性はＹ染色体を持っていないので、Ｙ染色体は父親から男子のみに継承される。また、Ｙ染色体は一つしかないので、ほかの染色体で相同染色体が対合するときに起こる組換えも起こさない。つまり、Ｙ染色体のＤＮＡは女性におけるミトコンドリアＤＮＡに匹敵する特徴を持つのだ。

Ｙ染色体の研究結果はミトコンドリアＤＮＡの結果とよく似ていた。Ｙ染色体の27タイプのうちの21タイプがアフリカに起源があった。また、Ｙ染色体の変異は、世界中のどこよりもアフリカで大きかった。つまり、ミトコンドリアＤＮＡの研究結果は、つかの間の成功ではなく、後に続く大成功の先駆けだった。核ＤＮＡの研究からも同じような成果が得られているが、ミトコンドリアＤＮＡやＹ染色体の結果とは異なり、原人や旧人と新人との交雑の証拠も見つかっている。

いずれにせよ、ミトコンドリアであれ、Ｙ染色体であれ、核の相同染色体であれ、そこに含まれるＤＮＡの研究結果は、すべてではなくとも大部分の現代人のＤＮＡはアフリカ起源であることを示している。また、約２００万年前以来、アフリカが新たな人類集団を生み出し、それらをアフリカの外へ拍動のように押し出す心臓の働きをしたことを示している。最初の拍動はホモ・エルガスターのような原人の集団、次の拍動はホモ・ハイデルベルゲンシスのような旧人の集団だった。そして、現代的なホモ・サピエンス集団は、何回かの拍動としてアフリカから出て行ったことだろう。それぞれのホモ・サピエンス集団は、見かけはほとんど変わらなかったが、文化的・技術的にはそれぞれ違っていただろう。世界中の現代人集団は、比較的最近の5〜4万5000年ほど前に北東アフリカから世界に拡がったという点に関しては、研究者の間で共通の認識がある。アラン・テンプルトンは、「出アフリカ、再び、再び」という論文で、何回も続いた移住の証拠を示した。

移住あるいは遺伝子流入？

新しい遺伝子は二つの方法で遠くへ届く。一つは、人々が移住する際に自身の身体で運ぶことである。もう一つは、混血によって伝播するのである。つまり、アフリカ人が隣の旧世界の人々と混血し、さらにその人々が隣の人々と混血することによって、バトンを手渡すように、アフリカから遠くまで遺伝子が伝わるということである。

これは、現代人の起源に関する最新の仮説が想定している遺伝子の伝わり方である。これは「波状拡散仮説」とよばれ、波のように新しい遺伝子が伝わると考えている。この仮説は、アフリカ集団と各集団の遺伝子の違いを表す「遺伝子距離」と、各集団のアフリカからの実際の「地理的距離」との間に強い相関があるという最新の研究結果と整合する。

アフリカを離れた現代人

アフリカ以外の地域へのホモ・サピエンスの到達については、二つの議論がある。一つは現代人的な人々自身の到達、つまり最古のホモ・サピエンスの化石証拠である。もう一つは現代人的な行動の到達、つまりホモ・サピエンスのみが可能だったと考古学者が納得するような最古の考古学的証拠である。

現代人的な行動とは何かの議論が現代人的な形態とは何かの議論よりも難しいのは、驚くにあたらない。かつて、古人類学者は、現代ヨーロッパ人を基準として現代人の形態を評価するという罠からなんとか逃れた結果、かなり容易に世界各地の現代人の形態を認識できるようになった。考古学者も、同様に、ヨーロッパ人の祖先が約4万年前に行った現代人的行動以外にも、現代人的な行動の証拠があると認識するようになった。たとえば、洞窟壁画がないという理由でアフリカには現代人的行動がなかったとするのは妥当ではない。実際は、アフリカにも洞窟壁画があるが、調査が不十分だったにすぎない。また、洞窟壁画を描くには洞窟が必要だが、アフリカの大部分には洞窟がない。

ヨーロッパの現代人

ヨーロッパにおける現代人（ホモ・サピエンス）の最古の化石は、3万5000年前にまで

表4　現代人（ホモ・サピエンス）とネアンデルタール人の形態的な違いと文化的な違い.

	現代人	ネアンデルタール人
形態的な特徴		
脳容積	大きい	非常に大きい
眼窩上隆起	弱　い	厚く弓形
鼻と中顔部	平　ら	突出する
脳頭蓋	側面が平ら	側面が膨らむ
後頭部	丸　い	張り出す
切　歯	小さい	大きい
胸　郭	狭　い	広　い
骨　盤	小さく狭い	大きく広い
四肢骨	まっすぐ	曲がっている
四肢の関節	小さい	大きい
手の親指	短　い	長　い
骨と歯の発達	遅　い	速　い
文化的な特徴		
石　器	小さく特殊化	大きく粗雑
複合道具	有	無
整形した骨器	有	無
装身具	よく発達	無

さかのぼり、ルーマニアのペステラ・ク・オアセ遺跡で見つかっている。イギリスでは、3万年前にさかのぼるケント洞窟群で化石が発見されている。ヨーロッパにおける現代人的行動の最古の証拠は、4万3000～4万年前にまでさかのぼり、ブルガリアのバチョ・キロ遺跡とテムナタ遺跡から得られている。4万年前以降では、西ヨーロッパ各地で現代人的な行動の証拠が数多く見つかっている。ヨーロッパでは、現代人とネアンデルタール人は、地域によって違いはあるが、1万年近く共存していた。ネアンデルタール人の最後の証拠は、フランスのサ

ン・セゼール遺跡、スペインのサファラヤ遺跡、そしてクロアチアのヴィンディヤ遺跡の化石で、いずれも約3万年前である。

アジアの現代人：サフールとオセアニア

オーストラリア、ニューギニア、タスマニアを含む地域は、サフール・ランドとよばれる。それは、氷期に氷床が発達して海水が陸上に固定され海水面が下がったときには、つながって一つの大陸になってしまうからである。同様に、インドシナ半島、スマトラ、ジャワ、ボルネオなどを含み、氷期には一続きの亜大陸となる地域は、スンダ・ランドとよばれる。現代人は、4万年前にはサフール・ランドの一部に移住していたらしい。そうすると、その前に、現代人はスンダ・ランドに移住していたはずだ。

もしガンドンで発見されたジャワ原人（ホモ・エレクトス）化石の5～3万年前という年代が正しいとしたら、彼らと現代人はこの地域で共存していた可能性がある。しかし、ホモ・エレクトスの小型化モデルというべきホモ・フロレシエンシスがフローレス島で1万8000年前まで生存していたということは、年代の重複は必ずしも生息域の重複ではないということを思い出させる。別種の人類が別々の島で暮らしていれば、出会わずにすむこともある。

スンダ・ランドの初期現代人たちは、原始的な舟かいかだを使ってスンダ・ランドから海を越えてサフール・ランドに渡るために、少なくとも数日間は海上で過ごせるような技術があったということになる。3万5000〜3万年前には、太平洋の現代人は、チモール、モルッカ、ニューブリテン、ニューアイルランドなどの少し離れた島へも渡ることのできる技術を持つようになった。

サフール・ランドの現代人

化石の証拠から判断し、サフール・ランドに最初に移住した人類はホモ・サピエンスなので、それ以前の人類集団との重複（共存）の問題は起こらなかった。最初の移住がいつだったかは不明である。5万年前の化石があるともいわれるが、確かなのは気候がいまより湿潤だった4万〜3万5000年前である。

オーストラリア人（オーストラリア先住民）の化石には、形態的な変異が大きい。マンゴ湖付近の人々は、額が立ち、脳頭蓋が高く、顔が平らである。ノーザーン・ヴィクトリアのカウ・スワンプやクーボール・クリークの人々は、額が傾斜し、脳頭蓋が低く、顔が前に突出している。一部の研究者はこの違いを移住の波が複数回あったためと考えているが、多くの研究者は広大な大陸へ拡散したための地域的な変異にすぎないと見なしている。

新大陸の現代人

旧大陸から新大陸へ渡るには、三つのルートが考えられる。第一はベーリング海峡を越えて、第二はアリューシャン列島を伝って、第三は大西洋北部を越えて。今日では、三つとも海を渡る必要があるが、4~3万年前以降には、何回も寒い時期が訪れ海水面が下がったので、ベーリング海峡は閉じ、アリューシャン列島はつながり、大西洋北部ですら狭くなって、渡りやすくなった。問題は、かつて人類が経験したことのない厳寒の気候だった。

北極圏に人類が最初に住みはじめたのは2万7000年前であり、1万5000年前には継続的に住んだという証拠がある。この間の時期なら、現代人が移動するマンモスの群れを追って、知らないうちに新大陸に移動してしまっただろう。ただし、アラスカでは現代人が1万2000年前以前に住んでいたという証拠は見つかっていない。旧来の認識では、移住民たちは、アラスカとカナダにあった広大な氷床の部分的な切れ目（無氷回廊）に沿って南下し、北アメリカから中央アメリカ、そして南アメリカに急速に拡大したといわれていた。しかし、想定される無氷回廊における考古学的な証拠はほとんど発見されていない。ごく一部の新大陸考古学者はこの否定的な証拠を利用し、新大陸住民はヨーロッパから直接やってきたというシナリオを提唱している。

新大陸の考古学的証拠の中で最も著名なのは、クローヴィス型尖頭器（槍先）とよばれる石器が特徴のクローヴィス文化である。最古のクローヴィス遺跡は1万1000年前で、その直後の時代からは、北アメリカの氷床に覆われていなかった多くの地域でクローヴィス型尖頭器が使われていた証拠が見つかっている。

長い間、考古学者はクローヴィス文化を新大陸における人類の最初の証拠と見なしてきた。しかし、最近では、クローヴィス文化より原始的な石器文化の証拠が発見されている。有名な「先」クローヴィス文化は、北アメリカでは、アラスカ州ヂュクタイ、ペンシルバニア州メドウクロフト、ヴァージニア州カクタス・ヒル、そしてサウス・カロライナ州トッパーである。南アメリカでは、ベネズエラのタイマ・タイマ、ブラジルのペトラ・フラーダ、そしてチリのモンテ・ベルデである。大部分は相対年代しか測られていないが、メドウクロフトとモンテ・ベルデの年代は信頼できる。メドウクロフトの放射性炭素年代は、少なくとも1万4000年前、あるいはひょっとすると2万年前に人々が住んでいたことを示している。モンテ・ベルデはきわめてよく保存されていて、1万2500年前に南アメリカに現代人が住んでいたことを示す証拠となっている。そこでは、20~30人が住める家の跡が残っていて、柱に動物の革を縛りつけたヒモまでが残っている。モンテ・ベルデは一年中使われていたので、新世界における最古の半定住性住居遺跡といえる。

クローヴィス文化の人々が最初の新大陸住民であるという仮説に関するもう一つの問題は、

クローヴィスの遺跡がアメリカ合衆国およびカナダの東部に偏っていることである。もし、彼らがベーリング陸橋を通ってきたのなら、分布が東部に偏るのはどう説明するのだろうか。

スミソニアン機構国立自然史博物館の考古学者デニス・スタンフォードは、別の劇的な珍説を提唱した。すなわち、イベリア半島のソリュトレ文化の剥片石器とクローヴィス文化の剥片石器がよく似ているので、新大陸住民はスペインからやってきたというのだ。

新大陸へは、何回かの移住の波があったと考えられる。異なる集団が異なる時期にやってきて各地に居住し、それぞれが新大陸住民の遺伝的・文化的な多様性を形成するために貢献したことだろう。現代人は、いつ、どこから、どのように新大陸にやってきたのであっても、新大陸の多様な環境の隅々にまで拡がるには、多くの時間を要しなかった。メキシコで4万年前のヒトの足跡が発見されたという最近の報告は、すでに十分議論の多い問題に新たな論争をもたらした。

注目すべき点

・研究者は、アフリカで30万年前以降の遺跡をもっと発見し、年代を信頼性高く測定できるように努力するべきである。何人かの研究者は、ホモ・エレクトスがザンビアのカブウェやエチオピアのボドのような旧人を経由してホモ・サピエンスに進化したと確信している。しかし、これは単純化しすぎた解釈だろう。研究者は、アフリカに近接した地域の人類化石に常に注意を払う必要がある。

・遺伝子シークエンシング（DNA塩基配列解析）の技術がますます進歩すれば、世界各地の多くの個体の多くの遺伝子が解析されるだろう。研究者は、アフリカ以外の原人や旧人の遺伝子が新人の遺伝子プールに対して、どの程度の貢献をしているかに研究の焦点を合わせるだろう。

・人類進化の後半に興味を持つ研究者は、形態と行動との関連について確信が持てない。頭の大きさや形の違いは行動や文化の違いを示すのか？　たとえば、人類はいつ複雑な音声言語をしゃべるようになったのか、そして、脳の形や大きさを見ればそれがわかるのか？　小さく複雑な石器をつくることができるようになったのは、手の発達なのか、それとも認知力の進歩なのか？

（訳注14）著者のウッドはイギリス人なので、赤淑女に対する思い入れとクロマニョン人骨に対する妬みがあるらしい。

追加解説：まさかの最新研究成果（訳者補遺）

本書が出版された2005年以降に、人類進化のパラダイム転換を迫るような四つの成果が発表された。それは、第一は、まったく予想しなかったホモ・フロレシエンシスの発見であり、本書ではわずかに触れられているだけだが、その後激しい論争を経て大きな進展が見られた。第二は、期待以上だったアルディピテクス・ラミダスの研究であり、これも本書で少し述べられているが、その後の女性個体骨格化石の研究によって、初期猿人の具体的な姿と二足歩行獲得の要因に関して著しい発展を見せた。第三は、化石から抽出した核DNAの解析から、原人あるいは旧人とサピエンスとの交雑の証拠が見つかったことである。そして、第四に、ドマニシ遺跡で5個目の頭骨化石が発見され、ホモ・エレクトスの変異が非常に大きいことがわかり、本書の著者の考えとは異なるが、ホモ・ハビリスもその中に含まれる可能性が提示された。

超小型人類：ホモ・フロレシエンシス

およそ3万年前、ホモ・サピエンスが旧大陸のすべてに行きわたり、ジャワ原人やネアンデルタール人を絶滅させたとき以降は、地球上にはサピエンス以外の人類は存在していなかったと考えられていた。

ところが、2003年に、オーストラリアとインドネシアの合同チームが、インドネシアのフローレス島で、身長1メートル、脳容積400ミリリットルほどの新種の人類化石を発見し、年代を調べたところ、彼らは1万数千年前まで生きていたことがわかった。彼らの身長と脳容積は、300万年前の猿人ならふつうだが、原人以降の人類としてはあり得ないサイズである。しかし、彼らは、石器をつくり、動物を狩っていた可能性があり、原人並みの知恵があったと推定されたのだ。

そこで、ホモ・フロレシエンシスは何者なのか、大論争がはじまった。地理的に近いジャワ原人の仲間か、ユーラシアに拡散したばかりの原人の子孫か、あるいは猿人の生き残りなのか。さらには、小頭症や代謝異常のサピエンスにすぎないという意見もあったが、現在では完全に否定されている。また、フローレス島では漂着した巨大なステゴドンゾウが水牛ほどの大きさに縮小していたが（島嶼化現象）、人類にも同じように極端な小型化が起こり得るのか、という問題も指摘された。

実は、国立科学博物館の私（馬場）と海部陽介は、以前からジャワ原人の調査研究を行っていた関係で、２００６年以降、ホモ・フロレシエンシスの研究にも参加している。そして、海部が主導する頭骨形態の比較研究では、ホモ・フロレシエンシスはジャワ原人と似ていることがわかっているので、初期のジャワ原人の一部（あるいはその近縁集団）がフローレス島に漂着し、おそらく１００万年以上にわたって、小さな島で独自の進化を遂げ、身体も脳も小型化したと解釈するのが妥当だろう。つまり、祖先のジャワ原人（ホモ・エレクトス）に比べ、身長が3分の2以下、脳容積も2分の1以下になったのだ。まさに、ゾウと同じ極端な小型化が起こったと考えざるを得ない。私が主導する骨盤の研究でも、猿人ではなく原人と似ていることがわかっているが、直接比較するべきジャワ原人の骨盤が発見されていないので、確実なことはいえない。

アルディピテクス・ラミダスの女性骨格

ほんの少し前まで、猿人たちは、脚は短くとも、私たちと大差ない骨盤や足の構造を持ち、地上を自由に歩き回っていたと認識されていた。しかし、このような認識はおもに約４００万年前以降の猿人の化石に基づいたものであり、それ以前の初期猿人の具体的な姿は、化石の証拠が希薄なので、想像の域を出なかった。

ところが、カリフォルニア大学のティム・ホワイト、東京大学の諏訪元、ケント大学のオーエン・ラブジョイらが2009年に発表したアルディピテクス・ラミダスの研究によって、初期猿人の具体的な姿がはじめて明らかになった。しかも、身体各部の特徴の組み合わせは、誰もが予想しなかったものだった。ラミダスは、手と足の親指がほかの指と離れていたので樹上生活をしていたことは明らかだが、骨盤上部は幅広くてヒトの状態に近く、直立二足歩行をしていたことも間違いないとのことだ（図1参照）。

それだけでなく、ラミダスの歯は全体に小さめで、とくにオスの犬歯が小さい。そこで、化石人類の四肢骨形態と歩行様式の研究に関する第一人者であるラブジョイの「食物供給仮説」が登場する。チンパンジーのような類人猿では、オス同士が犬歯を武器として争い、勝ったオスがメスを獲得することによって繁殖に成功するが、ラミダスでは犬歯が小さいので、そのような争いはなかったらしい。その代わり、特定のオスが特定のメスに多くの食物を供給すると、そのメスがそのオスを受け入れ、繁殖が成功するというのだ。つまり、オスはできるだけ多くの食物を両手で運んでくるために直立二足歩行を発達させ、メスは食物を運んでくるオスを頻繁に受け入れるために発情期を拡大する、あるいは排卵を隠蔽するようになったと考えられる。

ホモ・サピエンスと祖先種たちとの交雑

大部分の人類学研究者は、マントヒヒとゲラダヒヒのような別属（種）の2集団が交雑するようなことは、人類進化の過程ではなかったと考えていた。ところが、別種であるはずのネアンデルタール人やアジアの原人とわれわれホモ・サピエンスが、数万年前に交雑していたことがわかった。

そもそも、1997年に、ネアンデルタール人の骨からミトコンドリアDNAが採取され、分子時計の原理から、ネアンデルタール人とホモ・サピエンスは数十万年前にアフリカで分かれたと推定されていた。そして、サピエンスのミトコンドリアDNAにはネアンデルタール人由来のミトコンドリアDNAが見つからないので、両者が交雑した可能性は、ないか、あっても極めて少ないと考えられていた。

ところが、2010年に、クロアチアのヴィンディヤ洞窟の保存状態のよいネアンデルタール人化石から抽出された核DNAの大部分の塩基配列が決定された（ゲノム解読）結果、ネアンデルタール人はサピエンスのうちのアジア人とヨーロッパ人とは1〜4%のゲノムを交換していることがわかったのである（図19）。つまり、数万年前にアフリカからアジアとヨーロッパに拡散した人々はネアンデルタール人と部分的に交雑したが、アフリカにとどまった人々（サハラ以南のアフリカ人）は交雑しなかったというシナリオである。

それだけではない。さらに古い人類との交雑も明らかになった。きっかけは、中央アジアのアルタイ山脈にあるオクラドニコフ洞窟で出土した約4万年前の人骨（破片なので形態はよくわからなかった）から、ネアンデルタール人のミトコンドリアDNAが発見されたことだった。つまり、ネアンデルタール人の分布域がそれまで考えられていたよりはるか東方にまで広がっていたことが判明した。

そこで、さらに100キロメートルほど東のデニソワ洞窟から発見されていた約4万年前の人骨（これも指の骨の破片なので形態から所属する種を判断することはできなかった）から抽出されたミトコンドリアDNAを調べたところ、予測したネアンデルタール人ではなく、それより古く約100万年前にサピエンスの祖先と分かれた人類のDNAであることがわかった（後に行われた核DNAによる推定では80万年前）。つまり、このデニソワ人はネアンデルタール人のような旧人ではなく原人の可能性もあり、その一部が中央アジアの山中に約4万年前まで生き残っていた可能性を示している。ということは、4万年前の中央アジアには、デニソワ人（原人？）、ネアンデルタール人（旧人）、そしてアフリカから拡散したサピエンス（新人）が共存していたことになる。もちろん、仲良く一緒に住んでいたという意味ではなく、近い場所に同時期に、あるいは、同じ場所にやや時期を異にして暮らしていたという意味である。

しかも、さらに驚くことに、2010年にこの化石の核DNAが分析され、デニソワ人は現代メラネシア人とゲノムのうち4〜6％を共有していることがわかった。つまり、サピエンスが、アフリカからアジアへ拡散する際に、メラネシア人の祖先が、アジア中央部に生き残っていたデニソワ人（原人？）と交雑したことを意味している。

これらの事実はいずれも、人類がいかに柔軟に環境に適応し、放散してきたか、また、仮に種としては絶滅しても、しぶとく自分たちの遺伝子を子孫の中に伝えてきたかを物語っている。とくに、われわれのＤＮＡにネアンデルタール人のＤＮＡが混ざっているとしたら、われわれのどのような特徴がネアンデルタール人の影響を受けているのか興味深い。

ドマニシ遺跡のホモ・エレクトス化石

グルジア共和国のドマニシ遺跡は、アフリカ以外の人類遺跡で最も古く（約１８０万年前）、保存状態のよい人類化石と動物化石、そしてオルドヴァイ型石器が大量に出土しているので、人類がアフリカから最初にユーラシアに拡散したのはいつだったか、そしてどのような人々だったのかを具体的に示す最重要な遺跡と見なされている。しかし、これまで発見されていたいくつかの頭骨は、脳容積や顎のサイズがずいぶん違い、同一種内の個人的変異なのか、男女の違いなのか、別種の人類の混在なのか、判断がつかなかった。

ところが、つい最近、別の人類種の可能性があるといわれていた巨大な下顎骨と同一個体の

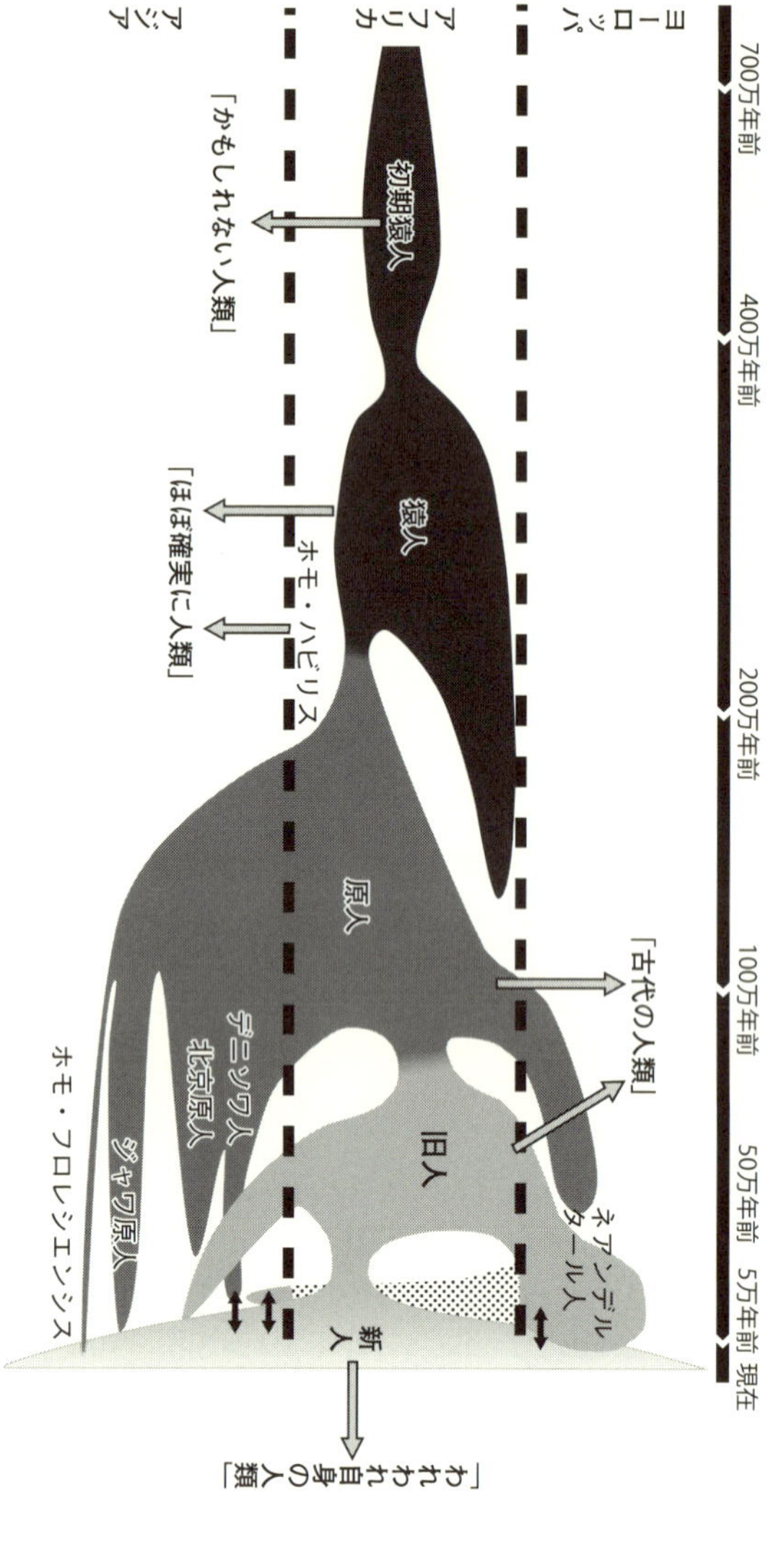
700万年前
400万年前
200万年前
100万年前
50万年前
5万年前
現在
ヨーロッパ
アフリカ
アジア
初期猿人
「かもしれない人類」
猿人
「ほぼ確実に人類」
ホモ・ハビリス
原人
「古代の人類」
デニソワ人
北京原人
ジャワ原人
ホモ・フロレシエンシス
旧人
ネアンデルタール人
新人
「われわれ自身の人類」

図19　人類の進化段階と分布域の模式図．

分布域の中に表示されている進化段階（初期猿人，猿人，原人，旧人，新人）は，日本で普通に行われている区分．なお，ホモ・ハビリスは進化段階ではないが，猿人と原人の中間で，どちらに属するか議論されている．分布域の外に表示されている進化段階（「かもしれない人類」，「ほぼ確実に人類」，「古代の人類」，「われわれ自身の人類」）は，本書で用いられている区分．両方の対応関係を矢印で示してある．

約700万年前にアフリカで誕生した初期猿人（「かもしれない人類」）は，約400万年前に猿人（「ほぼ確実な人類」）になった．猿人は約220万年前にホモ・ハビリス（これも「ほぼ確実な人類」）を経て原人（「古代の人類」）に進化し，やがてユーラシアに拡がった．原人は約60万年前に旧人（これも「古代の人類」）になり，再びユーラシアへ拡がった．旧人は約20万年前に新人（「われわれ自身の人類」）に進化し，約６万年前から世界へ拡がった．その過程で，新人は原人や旧人と部分的に交雑した（両矢印）．

脳頭蓋と顔面が発見され、頭と顔のそろったほぼ完全な頭骨が4個も存在することになった（ほかに下顎骨のない頭骨もある）。しかも、脳容積（546〜780ミリリットル）や顎と歯の大きさの変異が著しいにもかかわらず、これらすべての頭骨は、同じ遺跡の同じ年代層から見つかっているので、当然、すべて単一のホモ・エレクトス種に属すると見なされた。そうすると、これまで猿人と原人の移行形と見られていたホモ・ハビリスやアフリカ独自の初期ホモ・エレクトスであるホモ・エルガスターは、アジアのドマニシ遺跡などで発見された化石から定義されるホモ・エレクトスの広い変異の中に含められるという説得力のある考え方が提示された。

本書の筆者であるウッドは、以前からホモ・ハビリスはアウストラロピテクスと違わないと主張してきたので、ホモ・エレクトスに含められるという新しい考え方にどのように反論するか興味深い。

付録　人類の起源と進化に関する哲学的認識と科学的理解の年表

前6世紀	ギリシャ哲学者は人間を自然の一部と見なした。
前1世紀	ルクレチウスが、人間の祖先は野獣のような穴居人だったと考えた。
5世紀	聖書の教条的な解釈が支配的に。
13世紀	トーマス・アクイナスが、教条的な解釈に代わってギリシャ哲学的認識を取り入れた。
1543年	ヴェザリウスが、現代人に関する詳細かつ正確な解剖学書を世界ではじめて著した。
1620年	フランシス・ベーコンが、科学的方法に関する基礎を築いた。
1758年	カルロス・リンネウスが、生物の包括的な分類法を最初に整備し、現代人の二名法による学名をホモ・サピエンスとした。
1800年	ジョルジュ・キュヴィエが、科学的古生物学の原理を確立した。

1809年	ジャン・バプティスト・ラマルクが、生命の樹の科学的な説明を最初に行った。
1822〜3年	ウエールズのゴウワー半島のパヴィランドで、最初に現代人化石が発見された。
1829年	ベルギーのエンギスで、後にネアンデルタール人と判明する子供の頭骨化石が発見された。
1830年	シャルル・ライエルが、地球の起源に関する科学的解釈を提唱した。
1848年	ジブラルタルのフォーブス採石場で、後にネアンデルタール人と判明する成人女性頭骨化石が発見された。
1856年	ネアンデルタールのフェルトホーファー洞窟で、ネアンデルタール人化石が発見された。
1858年	アルフレッド・ラッセル・ウォレスとチャールズ・ダーウィンが、独立に、自然選択によって進化を説明できると結論した。
1865年	メンデルが、非連続的形質に関する遺伝学的実験の論文を発表した。
1864年	フェルトホーファー洞窟の化石人骨が、ホモ・ネアンデルタレンシスの模式標本とされた。

1868年	フランスのドルドーニュにあるクロマニョン岩陰で、新人化石が発見された。
1890／1年	ウジェーヌ・デュボワが、アジアで最初に、ジャワのケドゥン・ブルブスとトリニールで初期人類化石を発見した。
1894年	デュボワがトリニールで発見した頭蓋冠をピテカントロプス・エレクトスの模式標本とした。
1907年	ドイツのマウエルで、人類の下顎骨化石が発見された。
1908年	マウエルの下顎骨がホモ・ハイデルベルゲンシスの模式標本とされた。
1924年	アフリカではじめて、タウング採石場で初期人類の子供の頭骨化石が発見された。
1925年	レイモンド・ダートが、タウング頭骨をアウストラロピテクス・アフリカヌスの模式標本とした。
1926年	周口店で発掘されていた化石の一部が人類の歯であることがわかった。
1927年	ダヴィッドソン・ブラックが、周口店出土の歯をシナントロプス・ペキネンシスの模式標本とした。
1938年	ロバート・ブルームが、TM 1517頭骨をパラントロプス・ロブストスの模

式標本とした。

1940年　フランツ・ワイデンライヒが、ピテカントロプス・エレクトスとシナントロプス・ペキネンシスをホモ・エレクトスに改名した。

1959年　ルイスとメアリー・リーキー夫妻がOH 5頭骨を発見し、ルイス・リーキーがそれをジンジャントロプス・ボイセイの模式標本とした。

1964年　ルイス・リーキーらが、OH 7頭骨をホモ・ハビリスの模式標本とした。

1968年　カミーユ・アランブールとイヴ・コパンスが、Omo 18.18下顎骨をパラントロプス・エチオピクスの模式標本とした。

1975年　コリン・グローヴスとヴラティスラフ・マサクが、KNM-ER 992下顎骨をホモ・エルガスターの模式標本とした。

1978年　ドナルド・ヨハンソンらが、LH 4下顎骨をアウストラロピテクス・アファレンシスの模式標本とした。

1986年　ヴァレリー・アレクセーエフが、KNM-ER 1470頭骨をピテカントロプス・ルドルフェンシスの模式標本とした。

1989年　コリン・グローヴスが、ピテカントロプス・ルドルフェンシスをホモ・ルドルフェンシスと改名した。

1994年	ティム・ホワイトらが、ARA-VP-6/1化石をアウストラロピテクス・ラミダスの模式標本とした。
1995年	ティム・ホワイトらが、アウストラロピテクス・ラミダスをアルディピテクス・ラミダスと改名した。
1995年	ミーヴ・リーキーらが、KNM-KP 29281化石をアウストラロピテクス・アナメンシスの模式標本とした。
1996年	ミッシェル・ブルネらが、KT 12/H1下顎骨をアウストラロピテクス・バールエルガザリの模式標本とした。
1997年	ホセ＝マリア・ベルムデス・デ・カストロらが、ATD 6-5化石をホモ・アンテセッソルの模式標本とした。
1999年	ベルハネ・アスフォーらが、BOU-VP-12/130頭骨をアウストラロピテクス・ガルヒの模式標本とした。
2001年	ブリジット・セヌーらが、BAR 1000'00化石をオロリン・トゥゲネンシスの模式標本とした。
2001年	ミッシェル・ブルネらが、TM 266-01-061-1頭骨をサヘラントロプス・チャデンシスの模式標本とした。

2004年	ヨハネス・ハイレ＝シェラシーらが、ALA-VP-2/10化石をアルディピテクス・カダッバの模式標本とした。
	ピーター・ブラウンらが、LB1骨格をホモ・フロレシエンシスの模式標本とした。
2005年	サリー・マックブレアティーとニナ・ヤブロンスキーが、ケニアのバリンゴで発見された化石をチンパンジーのはじめての化石として報告した。
2009年	ティム・ホワイトらが、アルディピテクス・ラミダスの個体骨格（アルディ）の詳細な研究を発表した。
2010年	リー・バーガーらが、MH1骨格をアウストラロピテクス・セディバの模式標本とした。

索　引

か　行

さ 行

た　行

な　行

は　行

ま　行

図の出典

図4
C. Stanford, J. S. Allen, and S. Antón, *Biological Anthropology*, p.250 (Pearson/ Prentice Hall, 2005)

図5
http://delphi.esc.cam.ac.uk/coredata/v677846.html

図6
Miller and Wood, *Anthropology* (Allyn & Bacon)

図9
Miller and Wood, *Anthropology*, p.179 (Allyn & Bacon)

図10
Miller and Wood, *Anthropology*, p.179 (Allyn & Bacon)

図11
Peter Schmid of the Anthropological Institute of Zurich

図12
Miller and Wood, *Anthropology*, p.179 (Allyn & Bacon)

図13
Miller and Wood, *Anthropology*, p.197 (Allyn & Bacon)

図14
Miller and Wood, *Anthropology*, p.197 (Allyn & Bacon)

図15
Miller and Wood, *Anthropology*, p.209 (Allyn & Bacon)

図16
L. Aiello, 'The Fossil Evidence for Modern Human Origins in Africa: A Revised View', *American Anthropologist*, 95/1 (1993), 73–96

参考文献

第2章

P. J. Bowler, “Life's Splendid Drama”, Chicago University Press, 1996：生物の進化を復元するために，科学者がいかに努力してきたかの歴史.

R. M. Henig, “The Monk in the Garden”, Houghton Mifflin, 2000：グレゴール・メンデルはいかに植物交配実験を行ったか，その業績が後にどのようにして発見されたのか.

E. Mayr, “What Evolution Is”, Basic Books, 2001：進化の原理と証拠に関する良好な入門書.

J. A. Moore, “Science as a Way of Knowing”, Harvard University Press, 1993（邦訳：青戸偕爾 訳,『知のツールとしての科学：バイオサイエンスの基礎はいかに築かれたか』，学会出版センター，2003 年）：ギリシャ時代から最近までの生物学の主要な発展の歴史.

M. Pagel, “Encyclopedia of Evolution”, Oxford University Press, 2002：進化科学の主要な分野を網羅した百科事典.

M. Ridley, “Evolution”, Blackwell, 2003：進化の学説と証拠をまとめた書籍.

第3章

J. Kalb, “Adventures in the Bone Trade: The Race to Discover Human Ancestors in Ethiopia's Afar Depression”, Springer-Verlag, 2001：エチオピアにおいて初期人類の化石を発見しようとする科学者チーム同士の競争.

V. Morrell, “Ancestral Passions”, Simon & Schuster, 1996：リーキー一家の歴史と重要な化石発見.

P. Shipman, “The Man Who Found the Missing Link: Eugene Dubois and his Lifelong Quest to Prove Darwin Right”, Simon & Schuster, 2001：ジャワで人類化石を発見したウジェーヌ・デュボワの努力と苦難.

C. S. Swisher III, G. H. Curtis, and Roger Lewin, "Java Man: How Two Geologists' Dramatic Discoveries Changed our Understanding of the Evolutionary Path to Modern Humans", Scribner, 2000：ジャワ原人化石の絶対年代を決定するまでの調査経過.

第4～6章

E. Delson, I. Tattersall, J. van Couvering, and A. Brooks, "Encyclopedia of Human Evolution and Prehistory", Garland, 2000：第4章以降のほぼすべての人類化石を含む詳細な百科事典.

J. K. McKee, "The Riddled Chain: Chance, Coincidence, and Chaos in Human Evolution", Rutgers University Press, 2000：人類進化の出来事と気候変動との関連性を示す証拠は少ないことを説明.

R. Potts, "Humanity's Descent: The Consequences of Ecological Instability", Avon, 1997：人類の進化はますます不安定化する気候に対する反応として起こると主張.

C. Stringer and P. Andrews, "The Complete World of Human Evolution", Thames & Hudson, 2005（邦訳：馬場悠男，道方しのぶ 訳，『人類進化大全―進化の実像と発掘・分析のすべて』，悠書館，2012年）：人類化石の証拠とそれを解釈する方法に関する最新の優れた書籍.

I. Tattersall, "The Fossil Trail: How we Know What we Think we Know about Human Evolution", Oxford University Press, 1995：人類化石の発見史と解釈に関する読みやすい本.

I. Tattersall and J. H. Schwartz, "Extinct Humans," Westview Press, 2000：人類化石の優れたイラストを掲載.

第7章

J. L. Arsuaga, "The Neanderthal's Necklace: In Search of the First Thinkers", Four Walls Eight Windows, 2001：アタプエルカ遺跡の発掘リーダーがネアンデルタール人の発展と絶滅を探る.

J. L. Arsuaga and I. Martinez, "The Chosen Species: The Long March of Human Evolution", Blackwell, 2005：人類進化の後半に焦点をあてた最新の要約的解説.

第8章

J. H. Relethford, "Reflections of our Past: How Human History is Revealed in our Genes", Westview, 2003（邦訳：沼尻由紀子 訳，『遺伝子で探る人類史―DNAが語る私たちの祖先』，講談社，2005年）：現代人DNAの個体間変異と地域間変異の解釈に関する明解で公平な説明.

訳者がすすめる書籍

篠田謙一 編，別冊日経サイエンス『化石とゲノムで探る人類の起源と拡散』，2013 年

馬場悠男 編著，季刊考古学 118 号『特集 古人類学・最新研究の動向』，雄山閣，2012 年

A. Roberts, “Evolution: The Human Story”, DK ADULT, 2011（邦訳：馬場悠男 監訳，『人類の進化大図鑑』，河出書房新社，2012 年）

M. Morwood and P. V. Oosterzee, “The Discovery of the Hobbit: The Scientific Breakthrough That Changed the Face of Human History”, Random House, 2007（邦訳：馬場悠男 監訳，『ホモ・フロレシエンシス—1 万 2000 年前に消えた人類（上 / 下）』日本放送出版協会，2008 年）

篠田謙一 著，『日本人になった祖先たち—DNA から解明するその多元的構造』，日本放送出版協会，2007 年

海部陽介 著，『人類がたどってきた道—“文化の多様化” の起源を探る』，日本放送出版協会，2005 年

有用な WEB サイト

http://www.mnh.si.edu/anthro/humanorigins/　スミソニアン機構自然史博物館の人類進化プログラムの公式サイト．丁寧，最新，信頼できる．

http://www.becominghuman.org　アリゾナ州立大学人類進化研究所が運営するサイト．情報は信頼でき，映像は注意深く選ばれている．見て学べる人類化石の記録．

http://www.talkorigins.org　おもな人類化石を集めたサイト．

http://www.sciam.com　科学者の履歴にリンクしている．

http://www.neanderthal.de　ドイツのデュッセルドルフ郊外，ネアンデルタール渓谷における人類化石発見に関する優れたサイト．

http://www.chineseprehistory.org　中国の人類化石発見の映像と関連情報．

http://www.leakeyfoundation.org　リーキー財団の公式サイト．人類化石の情報を知ることができるさまざまなサイトにリンクしている．

原著者紹介
Bernard Wood（バーナード・ウッド）
ジョージ・ワシントン大学教授．人類化石研究の第一人者で，著書に“Anthropology”(Allyn & Bacon，共 著)，”Koobi Fora Research Project Volume 4, Hominid cranial remains” (Clarendon Press) などがある．

訳者紹介
馬場　悠男（ばば・ひさお）
1945 年生まれ．国立科学博物館名誉研究員．医学博士．専門は人類形態進化学．編著書に『季刊考古学，特集 古人類学・最新研究の動向』（雄山閣），監訳書に『人類進化大全』（悠書館），『人類の進化大図鑑』（河出書房新社）などがある．

サイエンス・パレット 013
人類の進化 ―― 拡散と絶滅の歴史を探る

平成 26 年 2 月 25 日　発　行

訳　者　馬　場　悠　男

発行者　池　田　和　博

発行所　丸善出版株式会社
〒101-0051 東京都千代田区神田神保町二丁目17番
編集：電話(03)3512-3262／FAX(03)3512-3272
営業：電話(03)3512-3256／FAX(03)3512-3270
http://pub.maruzen.co.jp/

組版印刷・製本／大日本印刷株式会社

ISBN 978-4-621-08804-3 C0345　　Printed in Japan